U0123441

生命樹

Health is the greatest gift, contentment the greatest wealth.
~Gautama Buddha

健康是最大的利益，知足是最好的財富。 ——佛陀

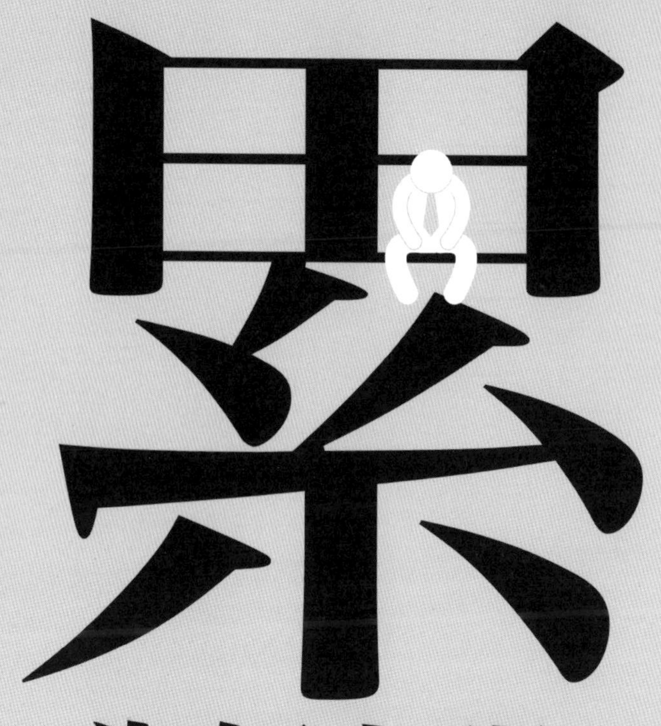

為何上班這麼累？其實是你心累

心　理　學　家　的　職　場　觀　察

許皓宜——著

推薦序1

瘋過、愛過，才會好過

謝文憲（職場專欄作家、廣播主持人）

寫作之於我，是喜歡；之於皓宜，是狂熱與喜愛，她就是能比我更直指人心。

我與皓宜同台許多次，無論是廣播對談、新書與談、慈善演講，我都感覺她具有十足狂熱者的特質，但是光看外表，您絕對看不出來。

外表的她，知性與感性兼具，給人諮商心理師的專業形象，為人師表的成熟穩重，與她深談之後會發現：「她有種無可救藥的狂熱，與對生命的摯愛。」

無論是男女感情、夫妻相處，或與父母、孩子間的親情點滴、與朋友、同事間的友誼互動，透過她的心理學背景，以及精準無比的觀察筆觸，總能把一段人事物的故事，呈現在你我面前，沒有一絲絲耗損。

很特別的一個人，一個朋友，一個好朋友。

今年是我工作第二十五年，很多職場的觀察我們雖有異曲同工之妙，但是看完皓宜的新書，我們雖不相同，但就是「不一樣，卻很一致」的兩個人，不知道會不會讓皓宜覺得她比較吃虧？哈哈！

我擅長寫職場工具方法書，而她提供職場心情療癒的最佳紓解管道，她擅長與自己對話，看完她的書，我彷彿讓皓宜引領我進入一種自我療癒的舒爽境界。

我擅長從故事切入職場議題，而她擅長從心理學切入職場難解習題，我們各有擅場，但我真覺得，她的書真是無敵好看。

不用懷疑，我就是她的忠實讀者，非常忠實。

本書其中一篇談到「競爭與自尊」，是描寫我與合夥人「福哥」在巡迴演講中精彩互動的小故事，當天我們三人同台，皓宜就是可以用她精準而獨特的視角，把兩個男人的「堅情」，描寫得入木三分，撇開我們的熟識不說，我真是佩服她。

我常說：「我們受過高等教育，千萬不要用現象來解釋現象，要試著從理論來解釋現象。」學生一聽，只覺得憲哥要講理論，一定很無聊。但我們總能用很簡單又通俗的語氣，說明整個事件的來龍去脈。

皓宜擅長用心理學的專業，透過無敵的觀察力，與職場場域中發生的許多案例，做出很棒的拆解，看完每一個篇章，有收穫是正常的，但又可以邊哭邊笑，這才是她最厲害的地方。

「專業，建立在通俗的溝通」，皓宜做出了最佳詮釋。苦悶的上班族們，本書帶領大家從心出發、正視自己，找回工作的初心與快樂的能量，跟著專業又溫暖的皓宜，「瘋過、愛過，相信您在職場工作會越來越好過。」

我誠摯推薦這本書，太好看啦！

推薦序2

鍛鍊心理資本，開啟職場英雄之旅！

呂亮震（工商心理學博士、擺渡系統設計有限公司執行長）

「老師，我實在不知道自己適合什麼工作，怎麼辦？」「老師，我跟我老闆的八字一定嚴重不合啦，不然怎麼會每個提案都被他打槍？」「老師，上次那個專案一定是同事在背後扯我後腿，跟老闆打小報告，害我現在變成公司的一級戰犯……」「老師，每天日復一日的工作，我已經不知道自己為何而戰，為誰而戰了？」上述這些問題您是否也似曾相識？

因為工作的關係，經常可以接觸到職場工作者，其中有仍在職場中奮戰的人，也有暫時從職場中離開的失業、待業或轉業中的民眾，面對各式各樣的職場問題，我常用自己多年來所涉獵的工商心理學與正向心理學的理論與方法，試著理解並協助民眾學會如何解決問題。

其中，最常介紹給職場工作者的，是由心理學家盧桑斯（F, Luthans）和他的同事在二〇〇六年彙整了過去數十年來心理學研究結果所提出的全方位職涯資本（Career Capital）這個觀點，除了包括過去所熟悉的人力資本與社會資本外，其率先提出應納入心理資本（Psychological Capital）這個概念，認為由自我效能（Efficacy）、希望（Hope）、樂觀（Optimism）以及韌性（Resilience）四種心理素質所組成的心理資本，可以幫助個體面對並克服各種職場上的挑戰，擁有更高的工作滿意度與工作投入，更能感受到心理上的幸福感。

也因此我時常在演講中說，心理資本就像是一種職場續航力，可以讓個體在職涯發展中保有持續前進的力量。有意思的是，在其二〇一五年出版的新書中指出，自從提出心理資本的概念後，吸引了來自世界各地的人一起參與後續的研究與實踐，統整這些成果後發現，心理資本其實可以被視為是一個包含上述四個心理素質的整體，他進一步將四個心理素質的第一個英文字母重新排列組合成「英雄（HERO）」這個字，巧妙地傳達出神話學大師喬瑟夫·坎伯在在「千面英雄」中所說的個體化發展意涵；對現代人來說，一個人的職涯發展歷程不也可以視為是一趟心靈上的英雄之旅！

在外地巡迴演講的途中，利用課後空檔的時間慢慢咀嚼皓宜老師的新作，熟悉的職場情境透過諮商心理師細膩的觀察，深入淺出的道出其背後深層的心理原理，常常可以在書中某個角落驚見佛洛伊德的身影，一個轉身又突然撞見榮格現身，想要一窺究竟的朋友們，無論您是職場的菜鳥或是老兵，這都是一本可以讓您開啟心靈英雄之旅的好書，鄭重推薦給大家。

目錄

推薦序1 瘋過、愛過，才會好過——謝文憲 003
推薦序2 鍛鍊心理資本，開啟職場英雄之旅！——呂亮震 006
前言 職場覺醒：不管順境逆境，都要有讓自己過得好的能力 012
第一話 誰說職場是理性的 015
•情緒地雷隱藏說不出的情感
•在同事身上，看見誰的影子？
•每個人心底隱藏的陰影
第二話 愛與競爭，讓職場變競技場 037
•為什麼不敢競爭、沒辦法做自己？
•不對等的關係，明明競爭卻假裝沒有
•既競爭又友好，可能嗎？
第三話 壓力來自「工作」，還是「人」？ 055
•從小被嚴格要求，長大後壓抑變壓力

・分不清理想、妄想，造成自我矛盾的壓力
・感受外在威脅的壓力，啟動不同生存姿態

第四話　小人、貴人，都是自己想出來的 …… **079**
・老是被針對，是主管同事客戶愛找碴？
・自我嫌棄，總覺得自己不夠好
・天公伯啊！無法解釋的衰神附身

第五話　拖延、沒執行力，是拒絕長大的成人病 …… **097**
・拖到最後一刻，只為享受自我掌控感
・隱藏不完美的自己，用「拖」逃避失敗心理
・追求成功的焦慮，把不想要的也抓在手裡

第六話　賺大錢＝成功，用錢衡量你的人生？ …… **119**
・賺錢是衡量能力的指標？
・重點不是賺多少錢，而是怎麼花錢？
・工作賺錢背後的心理意義

第七話　工作沒ＦＵ，熱情不再 …… **135**
・是對工作不滿，還是自己？
・心理功能的差異，讓你天天糾結演內心戲

・精彩的人生上半場，失去鮮度的中年危機

第八話 換工作也不能解決的問題 153
・為了追求「更好」的生活，忘了那份「喜歡」
・選擇「喜歡的工作」就一切順心嗎？
・「普通」上班族也能過「精彩」人生

第九話 你的夢想是什麼？ 173
・夢想不是「坐著想」，得要有目標
・為了找對路，落榜七次也不後悔
・夢想不是結果，是尋找天賦的過程

第十話 工作和家庭哪個重要？ 191
・真正的幸福感來自心理平衡
・工作與家庭間的「情緒」會相互轉移
・再忙再親密也要有「自我空間」

第十一話 職場沒有永遠的敵人與朋友 207
・受害者，還是迫害者？
・拯救者想救的是誰？
・「受害者」都沒有錯嗎？

前言

職場覺醒：不管順境逆境，都要有讓自己過得好的能力

在職場打滾這麼多年，我自認是個不合格的職場人。

不是不喜歡工作、也不是做不好工作，更不是在工作上沒辦法獲得成就感的「不合格」……一種說不上來的感受，讓我只能用一個模擬兩可的字來形容：累！

接觸成人諮商之後，我身邊更充斥著不同世代成年人對於工作的私語，卻不外乎還是以那句話總結：累！

是的。累！好累！工作好累！

然後周圍的人可能會說：哎呀，你工作要減量啊！不要那麼忙啊！……

這聽在工作疲累的人耳裡，就像鬼話一樣。有些人甚至覺得：我工作量明明沒有很大，而且我都做得很好啊，你們這些人知道個鬼喔……（白眼）

經過多年的觀察研究後，這團迷霧似乎漸漸清楚：為何工作這麼累？其實不是工作本

身的問題，而是我們的心「迷路」了的問題。

換句話說，那種「疲累」的感覺，與其說是「工作」帶給我們的，不如說是「心態」（心的狀態）影響我們的。一種感到不自由的心境，讓我們感覺在職場上備受束縛、無法真實適應周圍的人事物，面臨職場鬥爭、犯小人的命運，感嘆職場險惡的詭譎多變、興起不如歸去的念頭，最後「缺錢」二字從現實而降，不得不乖乖拎起包袱回歸職場「牢籠」（咦？）。

一向流行的心理激勵課程，像是讓我們服了一帖「安心」的藥劑，剛服用的當下效果最好，但若沒有時刻提醒自己定期服用，沒多久就彷彿被打回原形……

為何如此？究竟為何，我們已經這麼努力，卻還是擺脫不了這種疲累的束縛感？

請容我用此刻對心理學的理解來描述「累」的意義：它是一種心靈的呼喚，告訴我們得要停下腳步（不是停下工作），去看看自己內在空間受到什麼擠壓。

比方說，累的感覺是無時無刻出現嗎？每天早上睜開眼睛，看著天花板的那刻就有疲累的感覺？還是直到起身那一刻才感受到自己的掙扎？梳洗時看到自己的臉才浮現疲累的感受？抑或是職場大門出現眼前時，才感覺腳下如千鈞重？遇上某人特別想歎氣出聲嗎？還是面對群眾的時候？是不得不對人微笑？還是有些事不得不為？……

人類心靈和外在世界之間，連結著一條極為細膩的絲線，它用一種肉眼看不見的方式扯動著，將外界的龐然大物扯進心底來，於是在我們過度關注工作的同時，心靈已經被塞滿了。然後我們可能感到腰骨痠痛、提不起勁、失眠、容易發怒或感傷，動不動就想去找人推拿、抓龍一把……卻很少去思考：或許只要面對壓在心底的「龐然大物」，很多不適感自然不藥而癒。

身為一個心理師和心理學研究者，我接待過無數面臨這種工作疲累感的人。我認為他們之所以坐在這裡，是因為心靈派了最後一根理智的反思，來督促他們拯救自己；他們厭倦了總是「抱怨別人有問題」，而想要善用「知道自己哪裡有問題」的力量。

然後我明白，疲累感對人而言原來是具有意義的。它正是連結外在和內心世界的那條「線」——透過覺察，我們最終會發現，人性或許本真善良，唯因生存的現實才變得險惡。

我說的從來不是別人，是自己。存在自己心底的生存恐懼，才映照出職場的險惡。是覺醒的時刻了。人在職場中，心漸漸甦醒。期待有一天，我們在任何工作崗位上，都那麼自在自由。

第一話
誰說職場是理性的

我們在職場上遇到的問題，
大多肇因於無法理解自己情感的問題。

工作上最受不了的人

老王、老李和老陳聚在一起，談工作上最受不了的人。

「我老闆個性一板一眼，完全沒有彈性，做事方法保守，根本趕不上時代變化。我不懂，為什麼這樣的人可以當老闆呢？」老王說。

「我才不明白，為什麼現在的年輕人不懂得尊師重道，對前輩一點禮貌也沒有。叫他做事就做事，還要跟他解釋為什麼？我們那個年代誰不是這樣被操過來的？」老李說。

「我才羨慕你們，可以說得出受不了那個人的理由。我都是遇到奧客就直接發飆了！前兩天遇到一個自以為是的，差點跟他打起來，自己都不知道為什麼。」老陳說。

唉～三人同時嘆了長長一口氣。

人生海海啊，職場上最難處理的往往不是工作本身，而是你和誰在一起工作、遇上什麼樣的人。

就像老王對上討人厭的老闆，可能撞射出心裡的陰影；老李喜歡拿以前的年代和現在年輕人做比較，可能是一種自我保護的投射機制；老陳所說的那些奧客，則可能觸發他的情感，讓他退回年輕氣盛的早年時光了。

情緒地雷隱藏說不出的情感

很多人說，職場是個「就事論事」的地方，理性思考為先、凡事不要太情緒化。這話從心理層面來看，就好像「神話」。如果人在職場中，真能如此理性平和，我們便沒有機會聽說那種種背黑鍋、吞悶虧、百口莫辯等等的經典事件了。

事實上，我們都是情感性的生物，從當初呱呱墜地的小小身軀開始，一寸一寸地長大，然後想方設法生存下來。

那是一種希望能**被人看見**的渴望。在對方散發光亮的瞳孔中，我們確認了自己的存在。可惜很多時候，那些目光並沒有如願落在我們身上。生存的美好逐漸分裂出被忽視、不被理解的挫折感，在每一個說不出口的失落中，累積成心底的**情感地雷**。

直到有一天進入職場之後，我們仍是（經過包裝的）情感性生物。

即使是那些充滿理智的時刻，也是憑著**內心情感引導**，所做出的**行動決定**而已。因為年紀大、包袱多了，我們的情感不再如同年幼般赤裸透明；因為得要好好工作、生活，我們學習把情感包裹起來，學會逞強。

我們逐漸和內在的自己分離。卻不知道藏在性格深處的情感地雷，隨時可能在與人相處的過程中被勾引出來。

所以說，**我們在職場上遇到的問題，大多肇因於無法理解自己情感的問題。**

不了解對人的情感，就駕馭不了自己的行為

幾年前，某航空公司發生一起客訴事件：

一位攜帶隨身行李的旅客，在登機後隨即將行李扔在腳邊，占去小部分的走道。一旁的某空姐見狀，來到該名旅客身邊說：「先生，班機即將起飛，請按規定將行李放進上方的置物空間。」

旅客彷彿充耳不聞，低頭悠哉地翻閱機上雜誌。

「先生，不好意思，按規定您要將行李放進上方的置物空間，請您配合。」空姐維持優雅的笑容，語氣更加堅定地說著（此時走道上已經出現排隊欲前往座位的人龍）。

旅客終於微微抬頭瞄了空姐一眼，語氣淡淡地說：「妳不會幫我放嗎？」

「先生，不好意思，請將行李放在上方置物櫃。」空姐仍然微笑著，但也絲毫沒有要行動的意思（此時走道上的人龍更長了）。

「不好意思，先生，我幫您將行李放到上方的置物空間好嗎？」另一位空姐嗅到異樣的氛圍，趕過來幫忙。

旅客搖搖頭，指著那位與其對峙的空姐說：「我要她幫我放！」

一時之間，不耐煩的聲音、看熱鬧的聲音、仗義執言的聲音……，飛機上顯得鬧哄哄的。而這起空姐與旅客的對立事件，導致班機延時起飛數十分鐘。

事後，這名旅客寫了一封長長的投訴信，指控這名笑容優雅的空姐：冷酷無情！

而這位空姐也隨即被公司安排，進行適任程度的評估調查。但她感到非常委屈，一點也不覺得自己做錯事。

被觸動的是「說不出的情感」

你怎麼看這件事呢？

很多人都說，對空姐和旅客的堅持感到不可思議。（真是幼稚，就像黑羊和白羊在橋中央相遇，互不相讓！）

還有人說，空姐在執勤中，卻不能禮讓客人導致客訴，是自作自受。（簡而言之，還是幼稚！）

當然也有人說，旅客沒有約束自己的行為，表現也太沒有風度。（換句話說，仍然幼稚！）

我們在形容別人「幼稚」的時候，通常有兩種狀況：其一，是形容這個人平日以來的「性格」；其二，則是這個人出現了不同於平常的「行為」。

我們可以進一步把後者視為是心理上的「退化」，而這往往發生在心底的情感被激發的時候。也就是說，**當一個人出現「幼稚」的行為時，可能正代表他內在醞釀了某些說不出口的情感。**

人與人之間的行為會互相影響，說不出口的情感亦然。

讓我們從這個角度來檢視，旅客和空姐之間到底怎麼回事？

旅客最初的行為是：將行李丟在腳邊占去部分走道，這在情感上可能是有意或無心、善意或惡意。

當空姐看到旅客的舉動時，顯然被勾起某種情感，而她將這種行為視為惡意，或者再追溯遠一點，諸如此類的行為都讓她感到相當不舒服。只是她並沒有將此表達出口，而是採取和緩語氣加以勸導，但她用「請按規定」四個字，卻暗喻了對旅客「不守規定」的情感攻擊。

旅客顯然也感受到對方的「指責」，但他也沒有將心裡的不快表現出來，而是透過充耳不聞、悠閒翻閱雜誌的行為，來表達情感上的反擊。

一來一往之下，雙方的行為逐漸失控：彼此都堅持自己的需要、拒絕對方的要求，最後兩敗俱傷，旅客不能按既定行程出發、空姐則被公司盯上，誰也不好過。

沒有錯，這的確是一種「退化」（幼稚）。

當眼前這個人激發出我們的某種情感時，**倘若我們無法當下覺察、反芻消化，就會形成一股焦慮，迫使自己得要做些什麼，才能將這種不舒服的感覺丟回別人身上**。於是我們失去了日常的工作態度，「退回」年幼時情感執拗的自己。然後兩人之間就像互相玩弄心理遊戲一般，不必實際亮出拳頭，就能**引發強大的情感張力**。

明白當時當刻的情感（幼稚）後，你猜這位空姐的反應是什麼？

「好丟臉喔！」她立即充滿懊悔地說。

在面對職場上執拗的自己後，我們常常像她一樣，直覺式地進行自我評價。然而，在職場上遇到各種人與人的問題時，真的先不用忙著感到丟臉，因為這都是為了幫助我們更了解那個充滿情感的自己，以及潛藏心底的個人議題。

在同事身上，看見誰的影子？

有時我們會把自己的情感、想法與欲望，丟到別人身上，這是一種「投射作用」；有時我們會把別人的情感、想法、欲望，吸收進自己心裡，這是一種「內射作用」。兩者都是還未成熟的心理保護機制，會讓我們失去客觀，沒辦法當一個腦袋清晰的主管、界線清楚的員工。

無所不在的心理保護機制

當主管的他告訴我，部門一名新進員工年輕有為，是個可造之才，只是對人太客氣，看起來容易讓人欺負。於是他忍不住要製造些事端，然後指定這名員工去處理，以訓練他「為自己爭取權利」的能力。

我覺得他的理論有點奇怪，何以看來客氣的人就會讓人欺負呢？這話說起來像是主管用心良苦，但旁人看來明明就是在壓榨下屬！

仔細問過之後才明白，原來這位主管也有相當客氣的一面，所以才會把自己曾經被欺負的感覺丟到這位新員工身上。這是一種**「投射作用」：明明就是他自己不喜歡的情感、不想要的特質，卻套用到別人身上。**

於是我問這位主管，他現在還是個客氣的人嗎？他搖頭。不知道什麼時候開始，同事都說他是公司的「皇上」，只要是他想要的，別人沒有說「不」的權利。仔細想想，這和小時候的他差異甚大：他原是三兄弟中的老二，爸爸偏愛哥哥，將心力多放在長子身上，從功課到飲食無一不管。主管印象最深的是，爸爸總對哥哥說：「男孩子不能哭。堅強一點，別當個沒有用的人。」

他也希望爸爸能這樣教導他，但爸爸的目光總是在哥哥身上。所以他把對爸爸的情感和男子漢的期待，無條件地吸收進心裡，變成自己性格的一部分。這是一種**「內射作用」：他放棄自己原來的模樣，把別人的期待無條件吸收進來。**

有趣的是，他看公司其他「有淚不輕彈」的大主管們又相當不順眼，每次開會就有種想要跟他們嗆聲、撕破他們「大男人假面」的衝動。這便是一種**「情感轉移」：雖然他意識上只注意到對爸爸的尊敬，但潛意識裡對爸爸的生氣，卻真實地轉移到天天相處的同事身上。**

無論是投射、內射、情感轉移……，都是出於本能的自我保護，讓這些心理機制每天在職場上、在每個會議室裡、在人與人之間，無所不在地流竄著。

自我覺醒，別被對方情緒帶著走

理解這些心理學機制前，我就像這位新員工一樣，常常覺得自己在職場上受到權力的宰割，會為別人突如其來的臭罵責備感到傷神，等到自己握有權力時，又不知不覺成為宰割別人的兇手。

懂得這些概念後，再回頭面對職場中的一切，我看到那些人莫名發火的眼神，開始明白一切都是遺留心底的情感在作祟。然後知道訓練「自覺力」的重要性：我們要學習**覺察自己心裡何時、何處會被勾動**（當我們對一個人發出與他無關的情緒後，心裡通常會覺得不好受），並分清楚**對方發出的哪些情緒其實與我無關**。

比方說，當你發現有人用他的心理保護機制在攻擊你時（那是他的心理課題，與我無關）：

你可以放空，不用把對方的氣話全聽進去，等他發洩完情緒就會停了。（當情緒與你無關，他罵完也會不好受的。）

你可能會用言語反擊，但要知道，這表示你的情感也被勾動，而且通常也需要自負一些後果。

你也可以跟他說：「這好像不是我的意思，」然後和他談一談、或讓他自己靜一靜。（當然，他也可能因為你的回應而跟你繼續扯下去。）

重點是，你未來想跟他維持什麼樣的關係？

放空的做法，常常發生在下屬對上司之間，也就是明明被老闆亂罵、卻沒有回嘴。你可能會問：需要這麼委屈嗎？當然，大部分這麼做的人是因為不想在老闆嘴上拔毛，影響自己前途。但這麼做還有一個重要的心理意義：**老闆大發無名火的時刻，心理上已經脫離成熟男人、女人的狀態，退化成一個發脾氣的小孩，我們又何必計較呢？**

哪個小孩在發脾氣時不是大鬧著說：「我最討厭媽媽了！」一個不反擊又不離去的母親，無疑是包容了孩子的情緒；雖然我們一點都不想扮演老闆的娘，但當我們這麼做時，其實也包容了老闆的情緒。相信我，他在潛意識裡會感謝你的。當然，還有最重要的一點：**別把那些罵人的氣話聽進去！否則，你就是在進行「內射作用」了。**

反擊的做法，較常出現在同事、同儕之間。當然，我們還年輕、血氣方剛時也容易如此。

最常見的反擊是具有破壞性的「謾罵」。例如，在會議上對罵的兩人，越吵越脫離爭執的主題，一個罵對方「連狗都不如」、一個回罵「你才是穿著衣服的猴子」（奇怪，幹嘛大家生起氣來都不想當人呢？）**這種超乎現實的攻擊，等情緒過後，潛意識裡往往充滿悔恨的尷尬**，同事當不成就罷了，還丟臉到自己想要離職，相當不值得。

另一種較具建設性的反擊，則是發生在**回應「情感強度」**的時刻。例如這樣的爭吵內容：「你說這些話真的讓我很難過，我對你這麼好，你怎麼可以這樣。」「我只是隨便說說，你忍一下會死喔！」最後抱在一起大哭。雖然爭吵，但因為**表達了真實情感，關係可能不退反進**（女性之間尤其如此）。

面對心理攻擊的做法

至於面對他人的心理攻擊時，還能好好和對方討論下去的人呢？只要不是自以為是的教導，而是發自內心想要了解對方，這種回應方式無疑展現一種心理成熟的風範。

怎麼說呢？心理學家比昂曾經將「夠好母親」的功能視為「容器」。意思是說：一個孩子在成長中會面臨許多無法承受的情感體驗，這時候就需要將內在情感丟到外頭，讓一個具有功能的「容器」將這些情感轉為可以承受的，再返還給孩子，以幫助他消化龐大的情感。而這個容器，往往是母親（當然，對某些人而言是父親）。由此可知，**我們的情感體驗有兩種：一是自己可以消化的、一是自己無法承受的**。

讓我舉個例子來說明吧！

一個自己在房間睡覺的孩子，當母親要關上門時，他急著大哭：「不要關門！不要關門！」這就是孩子自己無法承受的情感。

當母親聽到孩子的哭泣，體會到在這經驗中的感受，所以她對孩子說：「房間黑黑的，一個人睡覺會害怕對不對？是什麼東西讓你害怕呢？」「沒關係，媽媽就在這裡，我把門開著，你會聽到媽媽的聲音。」這是母親理解孩子無法承受的情感後，**透過「命名」（害怕）來概念化孩子的經驗**，讓抽象的害怕**變得有邏輯可循**，**成為一份具體且可以理解的情感**，再返還給孩子，孩子就不用因未知而恐慌，能慢下來學習消化這種情感。**「無法承受的情感」透過「容器（媽媽）」轉換成「可以消化的情感」**，所以孩子漸漸能夠自己關門睡覺。

一個「**夠好的主管**」往往也有這樣的心胸，不會在員工無法承受情感時逼人就範，願意讓出等待他們情感適應的時間與空間，使每個人都能發揮內在最好的才華與潛力。

還有一個更高段的「**夠好的自我**」，是我們也願意這麼對待自己，**概念化「無法承受的情感」，懂得反思情緒的邏輯，就是一種幫助我們面對關係罩門的「自覺力」**。

每個人心底隱藏的陰影

佛洛伊德說，**那些帶有討厭和矛盾性質的記憶，會被我們下意識的遺忘**。這樣的遺忘能帶來「壓抑的滿足」（又壓抑又滿足，聽起來是不是真的很矛盾），對心智具有保護功能。榮格更精闢地解釋說，**遺忘代表我們的關注已經轉移到別處，但曾經關心的事物仍會留在內心角落**；這就好像探照燈投射到一個新地區時，其他地區會陷入黑暗。

然而，聲音、氣味，似曾相識的標記、臉孔等等，都可能成為勾起我們黑暗記憶中的「線索」。所以說，雖然我們覺得**在職場上，知道自己「要什麼」很重要（企圖心），但「不要什麼」「不喜歡什麼」（無企圖心）的背後也可能暗藏精彩**。因為，「企圖心」反映自我的性格，「無企圖心」卻可能代表還沒被統整進性格中的「陰暗面」。

記憶中被疏忽、壓抑的討厭與矛盾

前幾年，在我出版《與父母和解》書籍的宣傳期間，曾到某電台受訪。

節目進行中，主持人聽到我分享關於「父母如何影響子女」的經驗後，突然提起她在職場上非常不喜歡一位主管：這位主管每天吃完中餐後，常常發出「嘖嘖嘖」的剔牙聲，讓她感到毛骨悚然，甚至心生厭惡。

漸漸地，她發現只要和那位主管一起開會，就會忍不住胃痛；每當輪到她發會議通知時，總會不小心漏掉主管，**怎麼提醒自己都沒用**。之前她一直不明白自己為何如此，直到我們在節目中分享，她才忽然有了一個想法：主管那詭異的剔牙聲，或許打開了她數十年來埋藏在心底對父親的記憶。

原來，從小父親對她和母親都十分嚴厲，不論是她的穿著、或母親的廚藝，總能找到挑剔的地方。然後父親會用一種嫌棄的眼神看著她們母女，嘴裡還發出一種奇怪的聲響（沒錯，就像那該死的剔牙聲一樣），這讓她感到不寒而慄，又要想盡方法討父親歡心。沒想到，還來不及等到她上小學，父親就和母親離婚有了新家庭，數十年來，父女倆不再見過面。

因為主持人「埋藏記憶」的說法，讓我想起心理學中「陰影」的概念。每個人心底都有一塊不為己所知的陰影，如同先前所提，這些黑暗中的記憶帶有討厭與矛盾的性質，因此**很容易被我們疏忽、輕視和壓抑**。有趣的是，這些黑暗面不只藏著某些回憶而已，還有某些被我們自己所忽略的性格特質，因此當我們輕忽黑暗的力量，我們也越無法接納全部的自己。所以很多人有這樣的經驗：你不確定自己究竟是自信還是自卑？於是自卑的時候罵自己自卑，自信的時候又怪自己太過自信。

矛盾感就是這樣來的。我們隱約覺得自己有一體兩面，然後對何謂真實的自己感到困惑，並且容易被天天相處的同事給勾引出藏在陰影裡的自己。

或許你可以這麼理解：那些**在職場上令我們越有感的人，不論是崇拜或討厭的，可能就是某部分藏在陰影中的自己**。他們所擁有的特質，可能也存在我們身上。

誠實面對陰影，現實也會變不同

聽我這麼說，主持人陷入一陣沉思。然後她問我，覺得她是一個「嚴厲」的人，還是「寬容」的人？

我告訴她，一面之緣無法判斷，若問直覺，我從她臉上看到更多的是「寬容」。

主持人笑了笑，對我道了聲謝（其實，我並沒有覺得自己是在誇獎她……）。

她說，當個「寬容」的人對她來說很重要，直到她的職位越來越高後，卻發現自己居然對屬下也有「嚴厲」的一面，常常覺得他們「做事沒大腦」。

她還說，幾次這種感覺過後，回家總會做噩夢，夢到自己變成一個手持鞭子的馴獸師，鞭打那些沒辦法好好跳過火圈的老虎。夢醒後她提醒自己：要當個「寬容的好人」，才不會面臨這種可怕的情境。

她的夢很有趣。我好奇地問，馴獸師、火圈、鞭子和老虎，她覺得自己比較像哪一個？

她沒料到我會這麼問，面露驚慌地搖搖頭，說這些東西都很可怕，寧願自己什麼都不是。「但不可否認，我心裡可能就住著一個馴獸師、火圈、鞭子，或是老虎……。」她說。

嗯，這道理確實不難理解，就像喜歡李爾．吉爾電影的粉絲，現實中沒辦法認識他，卻夢見自己嫁給李察．吉爾。按照心理學的觀點，**「夢」的其中一項功能，就是做為現實生活的「補償」**。

她又陷入一陣沉思。然後告訴我，她曾隱約覺得，自己心裡住著一個「嚴厲的自己」，但她非常想要擺脫這種感覺，所以總是想辦法加強自己「不要動氣」的修煉。

「如果動氣會怎麼樣？」我問。

「想我爸媽抓來鞭打一頓吧！就是有這種怨偶，才禍延我們下一代。」她說，嘴裡居然也發出了「嘖嘖嘖」的怪聲。

我和她幾乎是同時聽到這個聲音的！

「我主管的……。」

「妳主管的……。」

根本就是原音重現。

你猜，如果這聲音要發往一個對象，會是誰呢？

或許有人會猜是她爸爸，但她脫口而出的對象，卻是媽媽。

她的答案是可以理解的。雖然在認知上，從小家中親戚就告訴她，父母離婚的錯在父親身上，是父親拋棄了母親。但等她長大，在情感上卻越能理解，像母親那樣的女人並不能綁住父親的心。

「如果我媽聽到我這麼說，一定會很難過。可是，有時候連我都受不了她。」事隔多年，她第一次站在公平的角度，既責怪愛上別的女人的父親，也數落她在母親身上看見的問題。

是的，父母的婚姻問題我們無從過問，只能忠於心裡的感覺，不把自己有異於父母的感受，視為一種對他們的背叛。

幾天之後，我收到一封來自這位主持人的信息：「今天，我終於記得發信給那位主管，中午還和他一起吃飯。」

我想，她正在學習面對心裡的陰影。

我們常常在主管身上看見父母的影子。主管如父母，同事如手足。你覺得呢？

第二話

愛與競爭，讓職場變成競技場

「職場」是我們釋放「攻擊」欲望的最佳場域。

面對競爭的三種態度

老王、老李和老陳是老朋友，學歷、能力相當，又同時轉進科學園區附近的公司工作，起薪條件差不多。誰知道熬了十多年後，三人的命運卻大不同。

日子平淡安穩的老王，可望在明年突破六萬薪資大關。問他，這些年過得快樂嗎？「嗯，不知道耶。日子就這樣過，領薪水、存錢、還貸款、養小孩，哪有什麼快樂、不快樂的？起碼公司派系鬥爭不會扯到我身上，生活過得去就好。」老王說。

喔？這麼豁達呀！看老朋友都這麼發達，心裡不會在意嗎？

「這幾年越來越少和他們出去了，可能讓自己抬不起頭的場合，就盡量閃遠一點。聽不到、看不到，就不會有什麼在意和比較。」

這樣啊。那年薪幾百萬的老李又過得怎麼樣呢？

「當然好。錢、地位、成就感都有了，估計再幹幾年，還能爬上更高位置。」老李說。

可是人家不都說「高處不勝寒」嗎？「沒有朋友」這點你不在意呀？

「一開始當然會在意啊！但這不就是人生嗎？你沒有幹掉別人，就是等著被別人幹掉。人緣好能當飯吃嗎？以前不把我放在眼裡的人，現在都得聽我的。」

是是是。那你到底過得開不開心？

「欸！等你幹到我這種層級就明白，很多成功的人早就犧牲掉自己的快樂了。」

這樣啊，那老陳怎麼可以既會賺錢、人緣又好？

「我只是交自己想交的朋友，很多都是不打不相識，本來是敵人來著。」

騙人！怎麼可能啊？你一定偷偷花很多時間打理人脈吧？

「不，只要目標明確，就會遇到志同道合的人，這時有兩個選擇：一是把他幹掉，代價是浪費你到達目標的時間；另一是與他合作，然後多出時間來成就夢想。」老陳說。

果然，不同態度造就不同人生：

老王是一種「偏安」心態，不是真的不在乎，而是因為內心容易受到風吹草動影響，所以盡可能躲開是非，看來是「安全感」出了問題。老李似乎全心往高處爬，心裡卻沒有踏實目標、也沒有發自內心的快樂，或許是因為他根本還沒學會過「自我肯定」。老陳的表現和心理上的「高自尊」有關，雖然生命充滿美好，卻要避免太過操勞變成工作狂。

為什麼不敢競爭、沒辦法做自己？

心理學界的老祖宗佛洛伊德說：愛與工作，是人生最重要的兩件事。想當然耳，人際、婚姻、家庭關係……，多是因應「愛」這件大事而生。那麼「工作」呢？有趣的是，**「工作」居然是我們釋放「攻擊」需求的最佳管道**。

「工作」和「攻擊」？你可能會覺得奇怪，這兩者在心理上是怎麼連起來的？

簡單來說，人既然是一種生物，就有想要生存下去的本能，轉化成行為便是「愛」，所以我們會喜愛那些能幫助自己生存下去的人事物。但人性是矛盾的，除了生存以外，我們內心深處也同時存在著想要破壞、渴求攻擊的本能，而這便是「競爭」行為的由來。

換句話說，正因為人類天生就有「攻擊」本能，我們勢必要走入職場中與人搏鬥競爭。做為一個發揮「攻擊衝動」的場所，「職場」對人類的貢獻實在功不可沒。這個世上很難再找到一個更好的地方，可以讓我們合理地與人競爭（談判！溝通！競爭力！），還能獲得精神與物質上的報酬（成就感！薪水！）。

安全感越強，越能釋放內心的攻擊衝動

那麼，為什麼有時我們會對這些合理的職場行為感到痛苦呢？因為**心裡的「安全感」不夠扎實，想要尋找「愛」的欲望，就會和工作中的「競爭感」發生衝突**。

想想新生兒的行為你就明白了：剛出生的小嬰兒會對娘親咧嘴大笑，卻又常在吸奶時像仇人似地啃咬她的乳房，這便是「愛」和「破壞」本能夾雜在一起的證明。唯有當我們相信所愛的人不會因自己的攻擊而離我遠去時，安全感才會牢牢印在心底。對於成年人來說，安全感則讓我們對人有一定程度的信任，所以明白**「競爭」不等同於「戰爭」（競爭是一種「衝動釋放」，戰爭則出自「你死，我才活得了」的威脅感）**，雖然會和人在工作上一較長短、爭奪資源，卻也有能力在工作以外建立關係，互相溝通或彼此激勵。

安全感越強的人，越有勇氣向外探索，內心的攻擊衝動就越能被充分釋放，接著從釋放衝動的過程中拓展自信和修正經驗，工作能力就變得更強了！

就像那信任娘親的小嬰孩一樣，信任「工作」時也能安全地釋放自己。即使競爭，也出自愛的基礎。

可惜世界哪能總是如此美好？安全感也絕非人皆有之！某些時候，我們生長在艱難

的環境中：老爸老母因我們的破壞衝動而面露兇色，威脅你敢怎樣、以後不再愛你了！我們開始感受到被評價、不被接納，開始學習去看別人臉色、丟棄自己真實的需要去討好別人，怕被犧牲淘汰就不敢露出自己獨特的本性，為了生存，我們小心翼翼；為了活下去，我們過得好累。

如此一來，怎麼可能不在職場上感到痛苦呢？當心裡缺乏安全的愛，那些職場競爭行為看來都是一種勾心鬥角的自私。我們一方面不希望自己成為這種人、一方面又怕失去戰鬥力會被別人取代，於是只想找個避免槍林彈雨的安全角落，以為用旁觀者的立場，就能免於感受世界的無情。

就像缺乏安全感的小嬰孩一樣，在工作上戰戰兢兢，不敢輕易顯露真實的自己。不敢與人競爭，深怕會失去更多愛。

最後，缺乏安全感讓我們在職場中彷彿找不到容身之地，想把自己隱身起來。所以開會時，找個離主席最遠的位置，盡可能低著頭、希望別被點名發言，會議結束就馬上離開，好似十分冷漠的獨行俠。誰知心裡是惶恐居多，覺得內在空虛才不願多說話，害怕評價所以遠離人群。

你可能換過一個又一個工作，卻安慰自己「還在尋覓一個合適的地方」。也可能留在同一個工作崗位，卻將感受堵塞在心裡，一天過一天，引發許多身心不適的症狀。

是的，這一切都是缺乏安全感的問題，讓人不敢光明正大地在職場上發揮競爭力、活出自己。

解方：找一個安全角落說出心底話

那怎麼辦？也許你會想問這個問題。

讓我們先來想想，如果是一個小孩子遇到這種狀況會怎麼辦？

通常孩子遇到痛苦時，是會想要回頭去找母親「哭訴」的。「哭訴」某種程度相當於痛苦的解藥，這意思不是說一定得找個人來大哭一場，而是要懂得：「訴」是找地方把**心底的話表達出來**，「哭」是懂得**理解自己的感受**；「哭訴」兩個字，其實就是**人懂得真實表達自己**的一門藝術。

或許你還會問：找人哭訴，安全嗎？

廢話！對缺乏安全感的人來說，當然一點也不安全。但這絕對是一個**可以好好培養安全感的途徑**。

我們只要記得：學習「哭訴」指的**並非無時無刻、任意找人來進行**。事實上，如果只是憋不住委屈就隨意找人哭訴的衝動，只會換來更多悔恨而已。**我們心裡起碼要有基本的評估，知道哪些人可以成為我們練習「哭訴」的對象**：

首先，要衡量這個人和自己的「**關係**」，是否夠親近？（路人是不會想聽我們講內心話的）。

再不然，也要懂得選擇訴說對象的「**性格**」，是否會任意將你說的話透露給別人？

當我們學習把心理矛盾「哭訴」出來，也許才會明白：原來**之所以沒辦法在職場上好好釋放自己，是因為比起競爭，你心底更渴望「愛」**。那是我們過去還未掌握在手裡的，即便進入工作，愛的需要仍在。

「愛」是那麼奇妙的心理物質，它會填補心裡不安的感覺，於是原本在工作中令人感到痛苦的，好像也漸漸能夠與之共存了。

不對等的關係，明明競爭卻假裝沒有

在職場上，有時我們會找一些人來取代父母親原本的功能，成為未來方向的指引。但卻可能發生這樣的事：我們遇上一個人，心裡很欣賞他、想向他靠近，潛意識卻是妒羨他，所以不知不覺地透過學習，掠奪他身上的資產，把他當成標竿，最後取代了他的位置。

面對指導者，是學習、還是模仿？

我認識她的時候，她正為和學姊之間的關係感到苦惱。學姊是帶她進公司的人、是她的第一個主管，更是她大學時候的直屬學姊，當年在校就是風雲人物，才華洋溢，畢業後進到大企業做行銷，沒幾年就晉升為主管。當她到公司面試時，學姊赫然在位，憑著校友情誼拉拔她進自己團隊。

「以後就是自己人了，有事我會罩著妳。」上班第一天，學姊對她說。

學姊果然沒有黃牛，悉心的指導讓她很快熟悉公司文化與工作流程，她也耐操肯學，終於成為能夠獨當一面的人才。工作滿週年那天，學姊帶整個團隊幫她慶祝，同事合資為她買了禮物，還有寫滿祝福的卡片。在飛舞的書寫中，她一眼認出角落裡學姊的字跡，上面寫著：「妳真是太棒了，比我想像中還要優秀。加油！我，就是妳的未來！」

真是好大的口氣！她不禁望向學姊秀麗出眾的臉龐，像男人一樣海派的個性正到處找人乾杯划拳，身旁放著出差帶回來的名牌包，低調奢華卻透露出高收入的背景，側臉線條下藏著一條閃亮的頸鏈，和手上戒指同出自某定製品牌，是學姊剛被求婚成功的證明……。

這就是她的未來嗎？一股複雜的感受梗在她心頭。

兩年後，婚後的學姊因生產休假兩個月。學姊請產假期間，她跳出來扛下原本只有學姊才會處理的工作，結果她表現青出於藍，客戶下了比以往更大的訂單，讓她繳出漂亮的成績單。等到學姊休假回來時，她已被晉升到和學姊同職級的主管位置，帶領一個直接向總經理報告的新創團隊。

她還記得，離開原團隊那天，學姊坐在自己的位置上，看也不看她一眼。

當她說起這段往事時，我注意到她手提的名牌包和身上的昂貴配件，心裡覺得有趣，她現在的樣子，不就是她口中所形容的學姊！於是我突然有一種心理學式的聯想：我猜，她並不似外表般強悍，或許心裡還住著一個戰戰兢兢、無法肯定自己的小孩？因為**越是無法自我肯定的人，越可能和親近的人陷入既學習又競爭的關係**。

聽到我的直白，她驚訝地點點頭，說出自己對學姊的複雜感受：一方面感謝學姊讓她進公司、又貼身指導，否則她怎麼會有今天的一切？另一方面又有些不服氣，難道這一切不就是靠她自己努力嗎？難道沒有學姊她就不會有今天？

贏過強者是為了證明自己

這種心情和心理學所說的「伊底帕斯情結」相關：指的是幼兒時期，我們為了生存，所產生一種與父母競爭、進而取代他的欲求，像是孩子偷搽媽媽的化妝品、將腳丫子裝進爸爸的皮鞋，都是這個道理。**倘若父母對這些行為一笑置之，競爭欲求就變得一點也不可怕，但若因此受到責備或禁止，就會一點一滴潛入內心深處，累積成一種壓抑的「情結」**。自此之後，我們會開始隱藏那些可能受到懲罰的想法，「情結」自然無法順利在童年時期消化，便跟著我們長大、被我們帶進職場。

這麼一來，我們和那些有指導能力的「楷模」之間，關係就變得相當微妙。明明很想向他學習，卻不敢主動詢問太多；好像關係已經相當親近，卻又沒有感覺真的很熟悉。一種若即若離的感覺，變成彼此不能再逾越雷池一步的高牆。

「是啊！是啊！」聽到我形容「若即若離的感覺」，她又忙著點頭。害羞地透露，其實工作之外她都避免和學姊聯絡，因為私下和學姊說話時，她居然還會緊張發抖。緊張什麼？她自己也不明白，只能說服自己或許是對「權威」的尊重。

「權威？但聽起來妳不是已經把她幹掉了嗎？」我問她。

「哎呀，別這麼說啦！」她從笑得尷尬到格格發笑。笑什麼呢？她說，聽人家指稱她優於學姊，心裡還是免不了有些得意，但這種感覺實在對學姊不太禮貌。

盯著她似笑非笑的面容，我突然心裡發毛，開始覺得如果我是學姊，還真想撕爛她那副「隱藏得意」的假面。怎樣，是覺得人家輸不起嗎？

她的笑容僵在臉上，質疑地問我：「如果把得意表現出來，不就擺明我和她在競爭，這不是傷感情嗎？」

「是嗎？那**明明在競爭、卻假裝沒有，就是真感情了嗎？**」我也反問。

她沉默了。好像在這段關係裡，她以為對方需要的總是崇拜和順服，所以掩蓋了可能傷感情的負面因子。但她似乎從沒仔細想過：在關係中對方和自己真正在意的是什麼？她把和學姊之間「無言結局」的責任，都推給了「尊重」。

因為尊重，所以讓對方決定想維持什麼樣的關係、想教自己多少；因為尊重，即使對方說了讓自己不開心的話，也只能接受；因為尊重，當對方無言以對時，也只能保持沉默。想想，學姊還真是冤枉，只因為被解讀成「權威」，就什麼真話也聽不到了。

「在我看來，妳把學姊看得太龐大、將自己看得太渺小了。或許就是這樣，才需要仰賴贏過學姊這種女強人，來證明自己的能力？」我對她說。然後她像是頓悟似地瞪大眼睛：「我知道我在苦惱什麼了！我一直希望自己可以變成像學姊那樣被人看重、尊重的人。所以有學姊在、就好像沒有我發揮的舞台，有我、就不能有她。可是等到在工作上真的失去她時我才發現，身邊連一個能互相對話的夥伴都沒有了。」

她終於坦誠自己的心情，事情也逐漸明朗：人性使然，往往喜歡贏過強者來證明自己，但其實**我們並非真的想要取代他們，而是希望自己成為一個能和強者匹配的人。**

既競爭又友好，可能嗎？

根據生存法則，我們每個人的前身都來自一隻活性十足、勇往直前，最後在云云眾細胞中順利達標的蝌蚪狀生殖細胞。生物背後的奧秘彷彿呼應心理的本能與衝動，告訴我們這本是一個充滿競爭拼鬥的世界。

職場上更是如此。

那麼，衝刺在同跑道上的人，還可能是朋友嗎？

兩個「競品」卻攜手同台

這是前陣子才剛發生的事。

我有一位亦師亦友的前輩憲哥（謝文憲），是華人地區相當知名的企業講師。他起意要舉辦為期五天的全台巡迴演講，聯合為五個公益團體募款一百萬元。

此案當然立意甚好。只是，參與的十五位講師得要分文不取，並團結起來吸引上千位聽眾，光入場就要每人先繳八百八十八元買門票做公益，還要現場募款，談何容易？然而，憲哥和他同是企業講師的好友福哥（王永福）聯手，完售所有門票。

在台中的最終場，我也是講師之一。第一次近距離看到兩位高知名度的行家在台上PK，我忍不住抱著看好戲的心情偷偷觀察：兩位專家、兩種截然不同的風格。這兩人在同樣山頭上，想必是一山不容二虎，很競爭吧，怎麼可能會是好朋友呢？

福哥口中的這段往事，恰好解答了我的疑問。

某年，福哥和憲哥在同一個月出書：憲哥月初出版、新書發表會早定在下個月，福哥的書月底出版。想必是出版社故意把他倆標籤為彼此的「競品」了，所以福哥的出版團隊建議他搶在憲哥之前舉辦發表會，搶得先機。

「但是我跟他們說，那天我沒空！」福哥說：「他們問我，那另一天呢？我說，也沒空！只要是憲哥發表會之前的時間，我通通都沒空。我和他之間的感情，是沒有人可以見縫插針的！你們懂嗎？我絕對不做任何可能傷害他的事情。」

說真的，福哥的口氣真是令人發笑，這根本就是男人間最直接的示愛嘛，難怪他會無條件挺憲哥幹巡迴募款這種「傻事」。

憲哥後來也表態了。他說，當初他其實覺得這事一點也不嚴重，兩人的書又不是寫得一模一樣，何來競爭？但福哥的在意與堅持反而讓他想通了：「朋友間若沒有義氣，怎能稱為朋友？我想，這就是他這麼堅持的原因。」「意義是三小，恁爸只知道義氣啦！他就是這樣的人。」

剎時間，大家好像忘了該為說話者鼓掌的禮儀，停頓數秒之後才爆出如雷的反應。

不得不承認，這兩個男人的「堅情」，真讓人有一種又妒又羨的感受。他們究竟是怎麼辦到的？為什麼在許多競爭者間，我們只感覺到社會化的虛偽，有些競爭關係卻像這樣亦敵亦友，成為可以合夥投資又不怕撕破臉的親密夥伴？

在我看來，**這和「自尊」有著密切的關係**。或許這兩位超級講師的內在，都是「高自尊」的人。

「高自尊」和「自尊心高」的區別

「自尊」是我們常常聽到的名詞。在心理學中，指的是一種**對自己存在的肯定感**，簡單來說，就是**對自己的尊重**；它**建立在自信的基礎上**，也就是**對自己能力的認定**。很多研究都證明，**擁有較強自尊的人越能把握時機來創造成就**，所以我們可以把「自尊」看成：

一種有所助益的「自我感覺良好」。

那麼，「自尊」和「自尊心」一樣嗎？

從臨床經驗看來，我認為兩者並不相同。用最簡單的話來解釋，我會說：**「自尊」是一種「自我尊重」，「自尊心」則是一種「對於自我被尊重的渴望」**。換句話說，**一個擁有「高自尊」的人，具有一定程度的自我肯定；而一個擁有「高自尊心」的人，卻仰賴別人來肯定自己的價值**。

讓我舉個例子。有個男人走到哪裡都需要別人對他恭敬，某天，他穿著筆挺西裝、手戴高雅名錶，攜著女伴到高級餐廳吃飯；結帳時，他拿出一疊千元大鈔，櫃台的服務員依往例將鈔票舉高辨別真偽。沒想到此舉惹怒了男人，他生氣地對服務員大吼大叫：「你看不起我嗎？難道我像是會用假鈔的騙子嗎？」

這男人，便是「自尊心太高」，而不是「高自尊」。不論他看來多麼高尚的模樣，心底仍是沒辦法肯定自己，才會敏感地將別人的舉動解讀成對自己的質疑。

或許你還會想問：如果我也是自尊心太高的人，怎麼辦？

我們先來了解一下「自尊」的發展歷程。人本來就需要他人的肯定，所以你會發現，小孩的自尊心其實都挺強，這是一種被重要他人看見的渴望。接下來，我們學習收下別人的肯定，透過對這些肯定的理解，轉換成自我認識和自我肯定，形成自尊的基礎。

自尊心太高的人，往往是因為無法相信別人的肯定發自內心，所以在轉換時發生了困難。然而，這是「一竿子打翻一船人」的思考模式，或許的確有許多讚美是言不由衷，但絕非所有人的讚美都是如此。所謂「成熟」，就是能夠從別人的描述當中，去發現自己值得讚賞的地方。

自尊發展的最高段是「**無條件自尊**」。在心理學中，對多數人而言，這往往是走過數十年經歷、邁入四十、五十年歲之後，才開始**懂得自己真正的價值在哪裡，而不用特別在意別人的評價**，並學會**為別人的成功感到開心祝福**。

因為我們終會明白：**別人的成功，並不等同於自己的失敗**。

所以競爭的關係，也可能是一種美好的關係。因為那代表有人和你旗鼓相當、有人與你朝同樣目標前進，也代表有人欣賞你。

第三話
壓力是來自「工作」，還是「人」？

心理壓力是可以享受的！

經銷商要來的那一天

因為國外經銷商來訪，A部門首次負責接待外賓。誰知道，部門裡的員工像是老王、老李和老陳的學歷都高，看來英語也相當流利，但面對外國人，他們心裡其實都藏著語言的秘密。

老闆：「好，我們來分配一下工作。老王負責接機，把外賓送到飯店。老李負責隔天的簡報。老陳負責最後一天帶他們參觀，之後直接送機。大家有沒有問題？」

此時老王心裡很不是滋味，他所分配到的任務感覺像小弟，與他的身分相當不符。而且他也不擅與人交際，更何況對方還是外國人？如果第一天就要和他們貼身相處，也許很快會被發現他英文不好的罩門。

「嗯，那天晚上我家裡有點事，可能不太方便，還是我和老李對換，或者由老陳統一接送，比較一致。」老王說。

早在聽到老闆說要簡報時，老李已經開始胃痛。開玩笑，接送這種小事，他還可以想辦法處理，如果要他做簡報，那可是會讓他英文不好的弱點更快曝光。沒想到，老李才正要表示贊成老王提議，老陳就搶先接話。

「沒關係啦，不然接機和送機都我負責，老王待命就好。」其實，老陳是因為看到老李和老王都一副臉色凝重的樣子，索性衝出來將工作都扛下來。英文不好？大不了命一條啦！卻硬生生截斷老李正在盤算的計畫。

「老王就說要負責簡報，那我去接機！」這下換老李趕緊發言。（這老陳是來亂的嗎？）

從這天開始，老王花錢請英語家教，每天幫他寫講稿、矯正發音。老陳動用私人關係，拉了一位國外留學回來的同事，陪他去接送機。咦，那老李呢？他在經銷商來的前一天，突然得了急性腸胃炎，上吐下瀉根本出不了門，連會議都沒辦法參加。

果然是人算不如天算，算得了能力也算不了內心的抗壓力。老李的腸胃炎與其說天註定，不如說是來自他對壓力的壓抑；老王的壓力可能多來自認知上的期待；老陳則可能重視情感壓力更甚於事務壓力。

從小被嚴格要求，長大後壓抑變壓力

還在念書的時候，每個禮拜有兩天會經過台北車站附近的補習班。下班時間、還有補習班下課時間，滿滿人潮湧進百貨公司旁的捷運站口，行走間彼此摩肩接踵，遇上下雨天還會被不長眼的傘尖戳來戳去。每當想起這一幕，我就覺得渾身不舒服，當可以脫離那個地區後，我就盡量離它遠遠的。

像這種空間距離的擠壓，是一種看得見形體的壓力，因為明確具體，我們自然能想出辦法逃開它。然而，心理壓力則由某種無形的未知所組成，對人的影響自然比物理壓力來得廣泛，比方說：想轉管理職卻怎麼都沒辦法考過多益的英文門檻、遇上一個老愛找碴的老闆……，你可能已經主動加班、充實知識、強化溝通，卻仍是拿胸悶的無力感沒轍。**心理壓力的可怕，正是因為無法預測將來會發生什麼**，事情就不是逃離、或完成任務即能解除壓力這麼簡單。

很多時候，為了避免被這種難以捉摸的壓力擊垮，我們習慣不去感知它，最後，你可能逐漸學會埋頭苦幹，對工作卻越來越失去熱情。

這就是一種自我保護的心理「壓抑」作用。

把別人要求內化成自我要求

幾年前，我隨研究團隊進到幾家公司幫員工進行心理壓力檢測。當時，我們帶了幾台生理回饋儀器，輔助心理師對員工壓力的解讀。

到了某企業，技術人員架好設備，團隊等待員工蒞臨。沒想到，一位學工程的主管聽完要透過儀器來測量壓力的說明後，挑眉露出質疑的表情，要求心理師先測量在場每台機器的金屬貼片，必須要所有機器的長度、厚度、大小都一致，他才願意接受檢測。

說實在的，第一次聽到客戶不太友善地發出這種要求，並如此明顯地表現出他的不信任，即使是專業人員也難免有些挫折，但很快我們就意識到，這個要求除了是工程人員的職業慣性外，也可能出自**處於長期心理壓力下的高防衛狀態**。

仔細觀察這位主管，他相較其他部門主管年輕許多，西裝褲燙出一條整齊的摺痕，襯衫也細心地熨得相當平整。於是，順著他的想法完成測量後（還好，金屬貼片們都很爭氣地符合一致規格），對他凡事要求精確習慣的好奇，開啟了我們接下來的談話。

「嗯，你們看得出我要求很高？有這麼明顯嗎？」顯然平常很少有人和他談論這類問題，他對我們的觀察有些驚訝。

「不過可以理解，畢竟很少看到這麼年輕的主管，自我要求高也是正常的，可能就是這樣才能晉升到今天的位置。」

「嗯，也不一定是這樣。其實我當初會坐上這個位置，是因為沒有別人了。我很年輕就進公司，所以，已經比當時的其他同事資深多了，算是老闆給我一個證明自己能力的機會。不過……」

「不過？」

「也算是害我不淺。」

「怎麼說呢？」

「說不上來。就很忙，會議很多，但沒有時間思考，自己學習的工作就得在夜深人靜時候進行。可是也沒辦法，既然已經坐上這個位置，就要認命接受別人檢視。」他故作鎮定地乾笑了幾聲，右手開始扯動卡在喉頭的領帶，露出一雙乾淨的手指，每根手指頭的指尖都修得平整俐落，指甲短到幾乎不見露白。

從事心理相關工作的臨床經驗，讓我很喜歡透過穿著及修剪指甲的習慣來認識一個初次見面的人。通常，指甲修剪得極短的，多是比較嚴謹、焦慮的人；指甲留長、一副想到才會去修剪的，常常是比較隨性的人（用來衡量對工作和學習的態度還挺準確的）。加上他所測量出來的壓力狀態：容易眼睛乾澀、口乾舌燥、腸胃方面不適等，有好幾項符合「亞健康」的標準（指一系列徘徊在健康與疾病之間的症狀），雖然沒有明顯的病徵，卻可因此假設心理或身體處於一種混亂狀態。

「哈，這麼說的話，我也不否認啊！」雖然有些反射性地將手縮回桌子底下，他卻開始願意坦誠自己的狀態，「很多東西，都是一路被別人要求來的。」

發生太多好事，也會帶來壓力

原來，他也是一路順遂的職場人。父母親的嚴格教育讓他明白，凡事有所謂的「好壞」標準，第一志願的學歷讓他從小習慣菁英教育，以及發生在自己身上的往往是好事：聯考、放榜、找工作、升遷……，有些甚至是他還未十分努力就自己黏上來的好運。

你說，只有壞事會帶來壓力嗎？不！對他來說，**過多的好事已經超越他可以負荷的範**

圍，擔心自己隨時會從雲端掉到地獄。

這真是一股相當龐大的心理壓力。雖然旁人不曉得，但他有時在會議室會覺得難以呼吸，時至今日，要他上台主持會議都還會覺得緊張。

只是他都「壓抑」下來了。如果只有胃不舒服、失眠或偏頭痛，他不會去看醫生、也不會讓別人知道，心情不好或焦慮緊張更是無妨，他「要求」自己要調整這一切，做個配得上自己工作職位的人。

而當初對他嚴格要求的父母，顯然已經內化進他的心裡，變成一個「嚴格要求」的自己了。

說實在的，要處理這個問題相當不容易，但我自己在心理分析中的體會是：因為我們從小習慣將父母的嚴格要求視為一種「痛苦」，所以等到有一天，這嚴格的眼光被內化成自己看待事物的標準時，長久的慣性驅使我們仍以「痛苦」想像之，而很少去思考：潛意識之所以會選擇將此內化到心裡，或許是有道理的。

就如同許多知名的漫畫家和連載小說家都不否認，正因為編輯的催促逼迫，才讓他們（在心理壓力下）產出好的作品。也許我們的潛意識從小就明白這個邏輯，所以即使長大了，還要在心底內化一個「嚴格」的標準。這可不是為了什麼可怕的目的，而是想要透過這份自我要求的壓力，來讓自己成為一個精神生活豐富、工作有執行力的人。

潛意識的用意，也許不是要我們費盡心思去逃離（壓抑）心理壓力，而是去享受它。

「享受」心理壓力，化為行動力

心理壓力是可以享受的？

當然。

心理學有個概念，**當我們覺得對事情有信心時，心理壓力會提升行為表現，形成正壓**，壓力當然等同一種享受；反之，**當我們用困難的眼光去看待事情時，心理壓力則會讓表現更差，形同負壓**。可見面對無形未知的壓力時，並不是勉強自己別再想了、或更勤奮工作（這些大多讓人變得更焦慮），真正對事情有幫助的唯有：做些讓自己放鬆、快樂的行動，我們才能更有信心地去面對工作。

所以我們問這位主管，能讓他放鬆快樂的是什麼？

他做了一個很有趣的決定：將原本九點的上班時間，依照彈性工時的辦法，往後延了十五分鐘。對他而言，每天能多睡十五分鐘，就是嚴謹生活中一種令人發笑的享受。

分不清理想、妄想，造成自我矛盾的壓力

很多時候，我們會在生活中架設許多相互矛盾的條件。這些條件逐漸變成我們對生活的「理想」，讓人埋頭苦幹想要完成，以至於沒有時間暫停下來，體會自己始終達不成生活目標的哀傷。這便是一種**自我矛盾的壓力：總是在努力，卻老是對生活不太滿意**。

比方說：想要成為一個傑出的工作者，卻又想要過悠哉的生活。（怎麼樣，是覺得大家都悠閒地坐在蘋果樹下，就能像牛頓一樣發現萬有引力？）想要遇上一個有能力、有企圖心的伴侶，卻又期待對方能將心力都放在自己身上。（所以，是要他口沫橫飛地和同事討論工作時，還不忘設個鬧鐘打電話來甜言蜜語？）或者，愛上一個聰明獨立的女子，卻又希望她能盲目地崇拜自己。（每次聽到這種故事，我都覺得奇怪：幹嘛，非得找個女強人來放在身邊扮村姑？）

種種對生活的期待與條件，以一種相互矛盾的型態並存在我們心裡。那種「得到Ａ、就會失去Ｂ」的衝突感，搞得我們內心萬分惆悵。

或許會有人安慰自己：唉，這種「現實」和「理想」的落差，就是人生啊！

現實與理想有落差，才是真人生？

但事情並非如此。所謂「理想」，是對未來的合理期待，指的是那些只要努力就有機會達成的目標；但更多時候，**我們真正期待的是：不用努力、這些條件就能自然存在**。

換句話說，即便我們告訴自己：「我就是個平凡人啊！」潛意識裡卻仍然希望自己是個「天才」（「天生」就能獲得想要的「英才」）；即便我們知道，自己對另一半或男女朋友有許多不合理期待，卻仍然希望他（她）能因為遇到我而改變（因為，這才是真愛）。

顯然，這已經不只是「理想」；當然，也不是讓人對未來懷抱美好憧憬的「夢想」，而是一種徒增煩惱的「妄想」。

當我們**生活裡充斥**這些似是而非的「妄想」，**卻沒有察覺**自己正在妄想時，無力感就隨之而來：我們似乎覺得自己正朝理想邁進，潛意識卻隱約感受那些期待可能永遠也無法達成。在矛盾感的夾攻下，我們逐漸失去發自內心的笑容，也喪失初為社會新鮮人的熱情與幹勁。

那要怎麼辦才好呢？也許是時候來檢視一下，生活中有哪些期待是不合理的妄想了。例如：

我所期待的，決定權或關注焦點並不在我自己身上？

即使我耗盡心力，都不見得有把握達成這些期待？

我並沒有因為這些期待而更有希望，相反的，我變得越來越不快樂？

然後，學習修正它！

誠實面對困境的勇氣

倘若經由這些檢視，就能修正那些不合理的目標，例如：將「我要成為一個工作傑出的人，又想過悠哉的生活。」修正成「四十歲之前，我要努力工作讓自己傑出，四十歲之後我要過悠閒的生活。」順利放下自己大半的煩惱，那麼我們就是偏向適合進行認知調整的人。

但如果已經發現自己的妄想並不合理，為什麼仍無法放下矛盾的期待呢？

第一種可能性是：我們已經**習慣活在自我設限的困境裡**。

就像我們可能會說：「現在的工作讓我無法發揮，我要換工作讓自己變得更強。」卻又一邊抱怨：「我現在的工作太忙了，害我沒有時間找新工作。」

然後日復一日、年復一年，我們唯一採取的行動，就只是無止盡的怨念而已。

這是缺乏信心的展現，我們誤以為留在自我困境中，就不用面對改變可能帶來的未知感。（是啊！換新工作不知會發生什麼事，還不如留在熟悉的崗位上繼續哀怨，比較實在。）

如此困境所帶來的煩惱，其實是我們自己的選擇。

另一種可能性是：我們**對自己的困境不夠誠實**。

所以我們可能會問別人：「老闆說我哪裡不好，我覺得是他根本沒看到我做得好的地方，你說對不對？」如果對方回答：「是」，那就同仇敵愾、罵老闆一頓，責怪老闆就是讓我們工作不快樂的來源；如果對方回答「不是」，我們往往覺得不被理解，於是轉身又問下一個人。

說穿了，當我們會去問別人這種問題時，心裡早就有答案了。如果，我真覺得自己並非老闆所說的那種人，那我可以做的，是努力讓老闆看到我並非如此，或者認清老闆可能是個看不見別人優點的人（那麼他對別人也是如此，而非針對我）；如果，我覺得自己的不足被老闆說中了，那或許我更該做的是面對心裡的難過，而非串連更多人來推翻自己早就知道的想法。

這便是對自己的感受不夠誠實、對自己的困境不夠誠實，那麼我們就可以繼續活在自欺的假象當中，透過幻想來建構自以為是的美好生活。

所以面臨無法擺脫的困境時，我們要先能對自己誠實、對自己的感受誠實。這麼做不是為了讓自己陷入低潮，而是為了看明白：很多時候，我們內心早已說出事情的真相了。真相所指引的，就是未來方向。

再來，就是**勇敢**了。

誠實面對自己感受裡頭所暗示的真相後，就要有勇氣接受自己感知到的真實世界，這是不容易的。但缺乏面對真實的勇氣，會讓人做出違心的行為，這是和自己過不去。

多一點面對誠實的勇氣，會少一點和自己的過不去。

感受外在威脅的壓力，啟動不同生存姿態

在職場中，我們所感受到的壓力和面對壓力時的反應，都與工作本身相關嗎？那可不一定。

有時，職場壓力是因為我們在環境中感受到某些口語、或非口語的威脅，於是為了保護自己存在的價值，會採取某些習慣性的方式來應對。這些慣性最初來自我們在原生家庭中，感受到家人之間存在著情感張力時，所發展出的一種本能式的心理防禦。比方說：父母吵架、家人工作不順利……，在那個當下，危及生存的威脅感可能讓我們呼吸急促、腦神經抽痛，忍不住想要做點什麼來表達這種感受。

家庭治療師薩提爾將這種存在於情感壓力下的表達方式，稱為「**生存姿態**」。生存姿態沒有「好」或「不好」之分，只有「一致」或「不一致」的區別。所謂「一致」指的是：我心裡感受到的，我如實把它表現出來；「不一致」則是：我心裡感受到的，用一種經過扭曲的方式來展現。

講求公平的人：「指責式」的壓力應對

每次見到他時，他總在抱怨主管做事不公平，「你知道那個同事有多混嗎？可是老闆一點都看不出來。」「你說，老闆是不是有什麼問題，沒辦法公正地看清楚事情全貌？」

坦白說，他說的都很有道理，可是每次他開口說話沒多久，我就開始頭痛。他的說話模式是這樣的：

總是先檢討別人

對別人的行為帶有情緒

對事情有清楚目標、對錯判斷

薩提爾稱這種生存姿態為「**指責**」。這種應對方式來自我們幼時，從不知所措經驗中學到的應對習慣。為了生存不要太過煎熬，**我們關起對「他人」狀態的覺察，將心力關注在「自己」和周圍「情境」上**。

比方說，生在一個父母時常爭吵的家庭裡。父親常常酒醉回家，你看到母親責罵父親「沒出息」的模樣，想過去照顧喝醉酒的他，卻被母親一聲「不要管他」所制止。為了生存，你心底刻畫下那副叉腰罵人的樣貌，學習去忽略父親心裡「因為工作鬱悶才喝酒」的苦楚。**漸漸地你養成習慣，只要別去關注「他人」的心理狀態，就不用因為情感而造成自己的為難**。

彷彿是一種「不得不為」，卻讓你覺得自己刻薄，朋友越來越少（因為看他人大多不太順眼），也缺乏個人的進步空間（因為看不見別人對自己的感受）。

「只要關注自己和所發生的事情（情境）」就好了！這不是自私，是從小學會的生存法則。一種「指責」的生存姿態，造就職場上習慣指責（看見別人不好）的我們，然後忽略了這背後其實藏著一個害怕失控、孤單，並且很有想法的自己。

顧全大局的人：「討好式」的壓力應對

很有趣的，他已經在同一間公司裡被調動五次單位，並非表現不好，而是每次有新部門需要支援時，老闆會問同事：「誰可以過去支援幫忙？」同事們總是裝傻，刻意將視線避開老闆的眼光。

其實他也不想去。但每每看到大家的迴避，老闆臉上閃過一絲難過的神情……，他不忍呀！堂堂一家公司的老闆，難道要他紆尊降貴地拜託員工嗎？（咦，這是什麼想像？）

所以他就舉手了。一次、兩次之後，只要沒人自願，大家會同時把目光看向他。

「沒關係，我來好了。」為了大家好，他總是勉強自己這麼說。於是他就成了永遠的支援部隊。他的行為模式是這樣的：

總是關注他人

習慣壓抑自己的情緒

對情境敏感、顧全大局

這是種名為「討好」的生存姿態。不同於「指責」的應對方式，在這種姿態中，我們**習慣忽略「自己」的感受，以「他人」和周圍「情境」為主體。別人好或不好、事情能不能辦成，彷彿都是我們的責任。**

「討好」的應對方式，可能因為從小習慣將父母親爭吵看作是自己的責任，所以反而把自己的需求縮到最小，犧牲自己去符應別人的需要。然而，這種習慣是出自恐懼、而非真心，所以為別人做得太多的結果，人家還不見得領情，甚至說你雞婆、看不起你。不知不覺你彷彿成為一個受害者，然後漸漸成為沒有自己主張的人。

「**討好**」的求生模式讓我們在職場上過得十分疲累，常常有「吃力不討好」的感覺，然而因為焦點放在別人身上，幾乎看不見自己可能也陷入夾雜憂慮、焦慮，和一點神經質的心情。

就事論事的人：「超理智式」的壓力應對

在公司裡，她總是就事論事、思路清晰。任何問題很快就抓到重點、犀利回應。

「這樣成本會變高、品質又沒有比較好，發信給他們，說要換一間廠商！」說起話來，她就是可以這麼冷靜。

「可是，這廠商是老朋友了，這樣會不會傷感情？要不大家再吃個飯商量一下？」

「有什麼好商量的，吃飯不用時間嗎？我們為何要在一個品質低落的廠商身上耗費成本？」她回。

同事們其實都私下議論，說她冷酷無情。但她蠻不在乎似的：你說你的，我做我的。

這個行為模式又有什麼特徵呢？

總是先檢討事情和規則

壓抑感性、訴諸理性

為了解決問題，可以委屈他人甚至自己

這種生存姿態，薩提爾稱為「超理智」，可能來自小時候就**養成習慣，別去感受「自己」和「他人」的心情，只關注問題「情境」就好，否則事情會變得很難辦**。漸漸地，大人在爭吵、有人愁眉苦臉時，都就事論事就好了，過多情感只會讓事情變得更糟，因為發生問題的時候，哭是沒有用的。縱使這樣會讓別人說你沒有溫度、沒有創意，但起碼這麼做可以保護自己。

最後在職場上，我們變得「超級理智」。別人可能說這是缺乏同理心，但自己明白，這種強悍背後藏著一種不為人知的恐懼社交的心情。

關鍵時刻搞笑的人：「打岔式」的壓力應對

每當工作氣氛不好的時候，只要有她在就沒事了。

那天，兩個同事在會議上都快吵起來了，身為秘書的她，居然就起身站起來說：「你們要不要吃西瓜？」沒一會兒，她跑到外頭又鑽進門來，手上拿著一盤切好的西瓜「吐司」。

「妳真的很突然，很跳tone耶。」大家忍不住笑了。她把西瓜吐司烤得好香，一下就化解了會議室裡尷尬的氣氛。

有人偷偷給她比了個讚，說她幽默。

她卻悄悄摸了摸自己的胃。其實剛剛那一刻讓她胃好痛，她不是幽默，是沒辦法忍受氣氛不好。

她的行為模式背後的心理特質又是什麼呢？

外表輕鬆，其實內心焦慮

看起來自發的幽默，其實是為了迴避感受自己、他人和情境

薩提爾在描述這種生存姿態時，用一種十分有趣的姿勢來形容。那是一種「雙手雙腳都糾結在一起，不知道何處可以擺放的無助扭捏」模樣，名為「打岔」。

習慣用「打岔」來應對壓力的人，表面上努力讓自己看起來平靜無波，其實內心波濤洶湧，不做點什麼來打圓場，就沒辦法消除滿心的焦慮。在這種姿態裡，我們一點也不懂得好好關注「自己」、「他人」或「情境」，只是趕快做些什麼、努力解除警報。

我一直覺得，這種人其實活得最辛苦，因為他們的「搞笑」是一種心理上混亂、缺乏控制感的行為反應。一個從小習慣「打岔」的人，可能變成職場上的緩衝劑或開心果，然而，心裡卻常常缺乏歸屬感，有千百個不自在和萬般無奈。

「生存姿態」理論中最有意思的地方是：我們總能將自己套上其中的某一類型。當然，也會有人問，生存姿態難道不會是混搭型嗎？

或許可能。但我認為，還是可以找得出一種最常出現的「典型」。或者，你會發現自己遇上某同事時是A類型，遇上其他同事又變成B類型。那麼，也許是那個人的姿態影響了你的內心狀態，進而讓你展現出不同的行為姿態。

你關注的是自己、他人或情境？

理解自己習慣性的行為屬於哪一種生存樣貌後，仔細體會，可以找出我們看待事物的盲點是什麼：

在與人相處時，你能同時關注到自我、他人和情境嗎？

如果沒有，你的內心視角，習慣忽略掉哪一項？

這和你從前手足無措的時刻，有什麼關聯嗎？

你是否記得，或許你在原生家庭裡就是用這種模式生存下來的？

為什麼如此？你能看見自己在這個姿態背後的渴求嗎？

你是否知道，那核心的渴求可能才是心底真正的自己？

你願意放心底的自己出來，在職場上自由碰撞嗎？

倘若你如實展現出心底渴求，會發生什麼壞事嗎？

很多時候，我們為職場人際關係感受辛苦，是因為我們不了解自己的內心狀態，所以老是做些什麼、卻又覺得這些所做所為並非自己所願。這是一種**內在、外在無法取得一致**的壓力，潛意識知道我們的行為不能貼近所感、所思，身心自然失去平衡，出現無可自拔的壓力症頭。

是的，不能活得內外一致的人，在職場上往往過得最辛苦。

親愛的，請靜下來覺察你內心照不到陽光的陰暗角落，究竟在害怕什麼？然後決定，未來你想用什麼樣的姿態，在職場中繼續生存下去？

是的。這一切都是自己可以選擇的。

第四話

小人、貴人，都是自己想出來的

衰運、壞運、不舒服的感覺，通常是由我們無意識的假設而來。

開運大法

這天，老王和老李約好在老陳的辦公室碰面。老李出現時把兩位老友嚇了一跳。

「天啊，留那麼多年的長頭髮怎麼一下剪掉了？瀏海咧？還有，怎麼穿得全身粉通通的？該不會是受到什麼打擊吧？」見到老李反常的造型，老王和老陳緊張兮兮地問。

「你們真的很落伍，這叫開運好嗎？像這樣露出額頭和耳朵，運氣會比較好。我連兩眉之間的雜毛都刮乾淨了，錶帶也換成金色的。還有，我改名字了，從今天開始請叫我『李亮』，讓我前途一片光亮。」老李拿出身分證，一點也不像開玩笑。

聽老李這麼說，老王冷笑幾聲，拿出自己的皮包，倒出七顆黑色的寶石。

「這是什麼？」

「這叫『黑碧璽』，我已經浸泡過粗鹽四小時，放在皮包裡可以防小人，比尾戒還有用，就是要讓辦公室那些小人退散。」老王表情顯然還在意日前辦公室鬥爭的陰霾。

「那我也告訴你們我的秘密。」老陳神秘地將手指往辦公室的某個角落。

「那是什麼東西？又藍又紅又黃的，幹嘛用的？」

「這些都是我從峇里島帶回來的飾品。最重要是，那個方位是『東方』。」老陳說。

「所以呢？」老王和老李同時不解地問。

「東方掌管工作運勢，所以要像這樣擺一面鏡子，前面放藍、紅、黃色的小飾品，鏡子可以吸收日照的精力，藍色讓我能夠冷靜思考，紅色讓我工作有熱情，黃色幫我吸收新東西時融會貫通……，這可是高人指點。我就不相信這樣工作運還會不好！」

天助不如人助，人助不如自助。工作上遇到遲遲無法解決的難題時，只好靠改變自己來轉運。至於何謂工作運不佳？簡單來說，就是工作狀態不如預期，甚至往反向發展。

試著區分那些工作狀態不如預期的時刻，可以得出一個簡單的分類：一是與「人」相關的不如預期，比如老王的防小人之說，可以向外找出具體對象；二是「事情」發展不如預期，比如老李在意的諸事不吉，覺得老天就是和我作對；三是與「己」相關的不如預期，比如老陳要想辦法讓自己思緒冷靜、精神抖擻，好像問題總是出在自己身上。

老是被針對，是主管同事客戶愛找碴？

在職場上，你有「被人表過」的經驗嗎？（「表」：泛指一種「衰」，請自行造句解讀）我有我有！（自己先舉手）

重複發生的問題，究竟誰的錯？

當時我在某間學校任教職，就在剛拿到博士學位、準備升等助理教授時，突然被叫到主管室，排排坐的老闆們面色凝重，推派出一位代表告訴我，因為教學成績不及格，所以我不能提升等。

我聽後也面色凝重地回答，可是學生給我的教學評量分數都很高，是哪裡不及格呢？老闆們推派一位代表發言，斷斷續續說了幾句我覺得無法構成理由的理由後，我（自覺）很識相地下了結論：好吧，既然如此，那我辭職好了（是的，剛過二五年華，個性真的好衝動）。沒想到老闆們也慢條斯理地回應我：不行噢，如果離職的話，要賠八十幾萬元。

（什麼？我算過合約，應該是二十幾萬才對？）當然，這談話變成一段不愉快的回憶，相互糾纏許久。

許多年後，我到另一所學校任教職兼主管職，某個節慶活動前一晚，我因某些考量請同事隔天一早幫我向主管請假，然而種種變數下，同事還沒幫忙請假前，就被隔壁單位的某人員打電話來查勤問罪，沒過多久，我便突然從行政位置上被撤換下來。當然，時隔多年，我的個性雖然還是衝動，卻已不會做出「毅然辭職」這種違心的蠢事。歷經此事的過程，還遇上許多為我打氣、罵小人的夥伴，但對我最有幫助的，是同事問我的一句話：

「你有沒有想過，為什麼都是你遇到這種問題？」

這句話在我心裡深思許久，後來終於體會：衰運、壞運、不舒服的感覺，往往是由我們無意識的假設而來，「小人」就是和我們的無意識假設相處不來的人；「貴人」，是與我們的無意識假設契合的人。換句話說，檢討事件和檢討別人雖然能緩解我們當下的焦慮，卻對職場的未來沒有幫助，唯有發現自己內在世界的假設出了什麼問題，才能幫助自己不要陷入重複循環的困境。

是的。很多時候，小人的存在只是一種面對運氣不佳時刻的心理現象：**我們會找到某個（些）具體對象（人、物），來做為解釋衰運（低潮）的出口。**

「假設」引導「想像」，「幻想」改變了「真實」

在前面的章節裡，已經提過「投射」的心理概念。我認為，心理學家榮格有一個更深入的說法，十分適合用來省察工作低潮時，自覺犯小人，被人卡位、陷害和攻擊的心理現象。

首先，每個人都有心理黑暗面，其中包含一塊**不被個人接受、厭惡的儲藏所在，或者對外在世界的補償性想像，榮格稱之為「陰影」**。比方說，你很討厭某位同事，看到他的嘴臉就想揍他，雖然社會化因素讓你不會真的對他揮拳，但你心裡的陰影卻藏著各種折磨他的想像，於是你怎麼看此人都是厭惡，他的每個舉動似乎都被視為無可救藥的證據。

這便是「陰影」所投射出來的「**幻覺**」，也是一種我們無從意識到的內在假設。假設裡因為承載了不為己知的情感，投影出來的想像就會逐漸**取代彼此之間的真實關係**。

一般來說，**陰影會先投射在同性別的人身上**，所以在同性的交往裡，你可能會迴避與某類型的人相處，或特別偏好接觸某類型的人，然而**到了另一個時期，這些投射卻又轉移到相反性別的人身上**。舉個簡單的例子，一位男士原本最討厭的是那些性格軟弱的男同事，沒想到工作年資漸長後，卻對職場上性格強勢的女人更為反感。

或許我們可以這麼說：**當出現這樣的（性別投射）轉變，是因為遇上了內在（無意識）的自己**。雖然自覺是某些對象害你衰，但可能在你心裡轉不過去的議題，才是背後的元凶（換句話說，不是那些性格軟弱的人出了問題，而是你內在無法包容性格軟弱的人才出了問題）；雖然表面上看來好像是你面臨工作低潮，但其實是住在無意識裡的你，用這樣的方式來提醒自己隱藏的性格特質，推動我們成為一個更為完整的人（也就是說，不是你無法包容性格軟弱的人，而是你不想包容性格也有部分軟弱的自己）。

是的，雖然我們很不願承認，但那些職場上的「小人」，其實正是派來幫助自己「看見」、甚至「修煉」內在議題的「貴人」。

噢，我這麼說並非要矯情地提倡「愛小人」運動，我們仍然有權利討厭小人、打小人。然而，卻不能否認：因為他們的存在，或許我們才更真實地認識了自己。

自我嫌棄，總覺得自己不夠好

不同於將工作不如預期的矛頭，「對外」指向別人身上的反應，有些人工作不順遂時，總會不自覺地「對內」進行自我攻擊。在百貨公司上班的 Miss Lee 就是一個例子。

老是自我攻擊，運氣當然好不起來

Miss Lee 在公司的年資將近五年，表現雖不突出，卻也沒有失職，但她常常像皮球一樣，在各分店之間被踢來踢去。比方說去年，她原隸屬的分店因為業績墊底，從別店商請一位業績王過來支援，Miss Lee 就被店長交換出去了。之後，同樣的狀況又在她身上發生了幾次。

有趣的是，Miss Lee 的業績並不差、更不是年資最菜的，與她友好的同事忍不住去問人資部長官，到底什麼原因讓她這麼不受歡迎？

「也沒有不受歡迎啦。大部分的原因，是說她臉看起來很苦。」這是人資的回覆。

臉苦？這不是欲加之罪、何患無辭，何況長相是與生俱來，批評別人的外表會不會太殘忍了？

「不能這麼說，她臉上的那種苦是**從心裡發出來**的。就拿被調動過這麼多次來說，她都不吭一聲，像是把所有情感都憋在心裡。只要看著她的臉，就覺得她好像下一秒就會歎氣，整個人像是烏雲罩頂籠罩，顧客哪敢跟她買東西啊？」

猜猜看，當同事將人資的回覆轉告 Miss Lee 時，她的反應是什麼？

「是喔……，沒關係啦，我本來就長得很醜了，他們看我不順眼也是應該的。」說完，她就默默地飄走了，留下滿地傷感的烏雲。

聽到如此「**扭曲**」的結論，這位好意幫她探究問題的同事，還來不及將安慰的話說出口，就忍不住下定決心：以後不管 Miss Lee 遇到什麼事情，都不要管她了！

Miss Lee 的反應讓我想到厭食症的病患。

厭食症是一種與飲食習慣相關的心理疾病，患者常有渴求變瘦的極端心情，因此千方百計進食、催吐，即使體重已經過輕、營養不良，仍堅持自己看起來過胖。厭食症就像幫人戴了一副具有特異功能的眼鏡，將自己在鏡子裡的身材無限放大，即使旁人看到的是骨瘦如柴，在他們眼裡仍是無可救藥的肥胖。

這是一種向內的「自我攻擊」，彷彿心裡有一對「嫌棄自己」的眼光，讓我們看不到自己的好處。

自我嫌棄≠自卑

再澄清一下，**「自我嫌棄」和「自卑」是不一樣的。**

「自卑」是一種幾乎人皆有之的「不足」感，因為覺得自己哪裡**還不到位**，所以知道可以更努力的方向。

「自我嫌棄」則更類似**自我厭惡**，因為對於自己的「不好」已經到了一種討厭的地步，所以恨不得能夠洗去這種感覺，但又常常覺得怎麼努力都很難辦到。於是我們不止容易陷入工作低潮，在遇上困境時更會自我埋怨，而陷入更深的低潮，變成無法接受任何人好意的惡性循環。

那麼，為什麼人會陷入「自我嫌棄」，老是看到自己的不好呢？

第一種原因，是**曾經遭遇被人嫌棄的經驗**。在大多數人的回憶裡，這些被嫌棄感可能來自父母，或者同儕。

就像 Miss Lee 後來告訴我們：她小時候食量很大，一副圓嘟嘟的臉頰，所以每回吃飯時，爸媽總會叮嚀她「少吃一點」，她解讀這是「父母對她的長相不滿意」。上了國中時，她因為肚子容易脹氣，有時候忍不住會在課堂上放出屁來，發出「噗噗」的聲音，因此被全班同學取笑，說是「豬太婆」又在放屁了（看過卡通《櫻桃小丸子》的人應該知道，這綽號仿自說話噗噗叫的「豬太郎」）。

Miss Lee 長大後，雙頰的嬰兒肥不再，肚子也不再脹氣了，但在她心裡，自己永遠是那個長得又胖又醜，又要學習忍耐別發出聲音的「豬太婆」。別人的嫌棄都被她吸納進來，成為深植心底的自我嫌棄，久而久之，這種嫌棄（氣）居然發到臉上，讓她變成不折不扣的苦瓜臉，生人勿近。

第二種原因比較深層一點，是**將對別人的嫌棄和生氣轉移到自己身上**。什麼意思呢？讓我再把豬太婆的故事說完。

Miss Lee 的幼年圓臉是有脈絡的，她的父母都是體胖的身材，所以每當父母節制她進食、或說起她的圓臉時，她心裡會有一種聲音：你們又好到哪去？同樣的，當她被同儕們笑稱豬太婆時，那些同學的衛生習慣也好不到哪去，她心裡超想大聲反擊，但種種顧慮讓她選擇默默忍受。

但這些生氣和不服氣就會因此消失嗎？當然不。最安全的方法，就是壓抑到潛意識裡，轉成嫌棄和攻擊自己。

是的，Miss Lee 的**「苦瓜臉」其實也具備「不用與人靠近」的功能**，省得她哪天咆哮出自己的真心話，那就麻煩了。

然而，**過度壓抑的結果，讓人失去天生自有的創造力**，而**缺乏創造力的狀況，我們將變得十分嚴肅地去看待每一個人生困境**。

想想小孩子的反應或許你就明白了。小孩子（大多）跌倒了會爬起來，是因為他們將那視為「遊戲」的必然過程；大人的皮肉厚實，卻比小孩更害怕跌倒，則是因為我們已經逐漸失去**和挫折「玩遊戲」**的心境。我們不再凡事好奇，也遺忘了自言自語的本能。

借用榮格的說法來形容所謂「玩遊戲」的心境，我想，這是一種能用建設性觀點來「自我詢問」的心態，然後搭起一座通往未來的橋梁的「積極想像」能力。

天公伯啊！無法解釋的衰神附身

對我而言，學習心理學最大的收穫莫過於「**凡事都有它的意義**」，當你願意事事往內心深處聯想，就連踩到狗大便都可以有所啟發。千萬別小看這種「積極想像」的能力，它能幫助我們脫離埋怨的泥淖，將決定人生方向的主權拿回自己手上。

只是也有人會問：如果我遇到的所有狀況累加起來，實在找不出任何建設性的可能，唯有衰神附身的霉運可以解釋，怎麼辦？

先來看看發生在P先生身上的困擾。

「衰爆了」的時刻，也能有所啟發嗎？

工作十幾年的P先生家庭和諧、事業有成，夫妻親子感情也和睦。沒想到，他最近生了一種怪病，皮膚上長滿密密麻麻的怪東西，每到晚上就奇癢無比，醫生說是免疫系統問題，擦藥也無法根治。老婆為了怕他將這怪病傳染給孩子，就帶著兩小到隔壁房間去睡，讓他夜晚獨自一人受怪病攻擊。

同時，P先生的公司高層也開始出現變動，原本熟悉信賴的主管，突然被一個空降長官取代。新長官是公司外派駐美十年的老主管，一上任就來了個下馬威，作風強勢地要P先生改變原有的做事風格，恰好讓一向與P先生暗自較勁的另一位同事逮到機會上位。辦公室暗處的鬥爭浮上檯面，一種肅殺的氣氛讓P先生備受煎熬。

偏偏P先生居然又開車擦撞到慢車道上的單車，騎車的老婦人應聲倒地，除了外傷之外還骨裂。P先生已經愧疚不已，老婦人的兒子還自述是黑道背景，要P先生自己看著辦……。

這下他真是心力交瘁，聽到這遭遇的人幾乎都要為他掬一把同情淚。

你說，這麼倒霉的狀況，還有可能「積極想像」到讓自己有所啟發嗎？

不相關的事件，可能有相關的邏輯

在討論P先生的霉運前，我想先談一下心理學的觀點。

榮格採取科學的概念，認為宇宙其實具有一種客觀的秩序，只是人類的心靈還無法全盤探究；換句話說，**當「外在」發生某項物理事件時，我們可以於「內在」心靈找到對應的意義**。這是我先前所說「凡事都有它的意義」的基礎。

但榮格的觀點還不只如此，他認為心靈深處的意義，甚至會以兩件或兩件以上「不相關」的事件來加以呈現；這些事件表面上看來毫無關聯，其實指向同樣的心靈啟發。榮格稱這個現象為「同時性」。

倘若**我們能將同時間發生的幾件事情，在心靈上進行想像與串連，就可能得到一個指向未來方向的意義**。而且**意義往往不是不存在，只是還沒被我們發現而已**。

所有困境的解答，就在裡頭。

也許有些人對這說法半信半疑，或覺得我是不是要扯些「天公伯」之說。因為我實在沒有通靈能力，所以只能和大家分享我所經驗到的「科學證據」：

某次我和先生開車外出，才買沒多久的新車剛打完蠟，經過圓環時，突然一輛車從後面直接撞上我們的車尾。擠得水泄不通的車道上，撞到我們的冒失鬼見闖了禍，迅速從旁鑽縫溜去，留下卡在車陣中的我們，受到撞擊驚嚇不說，只能吞下悶虧，暗暗心疼被撞出一個洞的新車尾。

由於正值多事之秋，修車的事情就這樣擱著，但每每看到就心疼一次。

沒多久後的某天，我要出席一場重要活動，由於出門較晚，心裡忐忑深怕遲到。料想不到的是，一向開車熟稔的先生，在準備停下來等紅綠燈時不知怎麼著，居然微微鬆開了踩住煞車的腳，車子用一種緩慢的速度向前滑行，恰好撞上了前方高檔嶄新的賓士車。

原本低頭滑手機的我感受到突來的衝擊，抬起頭，驚愕地看著那標示三五〇賓士的閃亮徽章（不懂車款的我，聽說賓士的數字寫多少，價格就多少萬元起跳），以及臉色鐵青朝我們走來的男性車主以及和他同車的母親，這時心先涼了半截。

一刻不敢耽擱地跳下車，一副抱歉的眼神在快車道中央與對方面對面，還沒等到我們開口，對方車主就發話了：「你是被撞了嗎？不然怎麼跑來撞我？」

我和先生對看，除了道歉以外，頓時有點不知如何面對這份疑問。恰巧被卡在我們後頭的車正從後方繞道出來、向前駛去（一副肇事逃逸的模樣），男車主的媽媽於是開口：「哎喲，他也是被人家撞的啦！你的車也沒什麼事，不要緊，算了啦。」

「就心痛啊，我才剛買耶。」男車主跟媽媽說。

「人家也不是故意的，一定是有人撞他嘛！」好心的媽媽又接著幫我們說話。男車主不甘心地跑到我們車尾巴去看：「那你們的車怎樣了？」

結果他一瞧，看到上次我們車尾被撞的那個洞。他瞬間沉默下來。

是的，人比人不一定氣死人，看到我們車尾比他賓士車還嚴重的「傷勢」，他彷彿得到某些安慰，就這樣摸摸鼻子走了。

帶著驚嚇的感受，先生繼續載我趕往活動現場。還好，再晚個兩分鐘，我差點要錯過那次重要的活動。

你說我們運氣很好嗎？

不。經過那次事件之後，我心裡感到非常羞愧。在賓士媽媽的寬容中（以及後來我連續又受到的幾份寬待），我忽然反省起自己對待同事的嚴苛，很奇妙的，那些寬容突然讓我覺得不太好受，他們深刻地**映照**出我應該修養的心性，以及我需要好好停下來面對被工作壓力摧殘的自己。

I'm so sorry.

夜深人靜時，我忍不住對自己說。

「成功」以外的「平靜」

和P先生分享我的經歷時，他當下有些不能理解，但很快地，他就發現我與他之間的「同時性」。

「雖然被黑道兒子嚇得半死，但妳的經驗讓我領悟到，重點在受傷的媽媽。」於是P先生天天誠心地問候，終於在醫生確認無大礙的狀況下，雙方以六萬元和解。因為這次的車禍事件，P太太對P先生大發脾氣，卻讓她有機會說出一直以來對他工作的不滿，P先生才明白，原來他一切成功只是外人眼裡的假象，忍不住大哭一場後，向太太真心懺悔。

有了對家庭的牽絆，他面對新長官的機車也沒那麼在乎，抱著一種「大不了老了不幹了」的心態，反而讓他處事放開心胸，結果長官似乎沒那麼愛找他碴，就連競爭對手要找他對幹，好像也激不出火花。慢慢地，他的生活在「成功」以外，開始出現了一種「平靜感」。

最後，他的皮膚怪病不藥而癒。

第五話
拖延、沒執行力，是拒絕長大的成人病

如果想克服拖到最後一刻的毛病，我們要有成為大人的「現實感」。

三名員工的禱告

某間公司的三位員工，在禱告時，向上帝發出了懺悔的聲音。

【員工李】

親愛的上帝，請原諒我沒有遵守承諾。上回向祢祈求力量的時候，我說過以後會改掉臨時抱佛腳的壞習慣，請原諒我，我又黃牛了。

月初拿到這份專案時，祢知道我內心多狂喜，整整慶賀三天，正想開始動工，突然覺得這個大案子值得我換台新電腦，於是又逛街三天，終於買到令人滿意的電腦。可是當新電腦擺上桌，我才發現自己的工作區有多髒亂，所以又花三天整理環境。

親愛的上帝，祢知道我為了申請這案子有多賣力，值得犒賞自己吧？於是我花一星期看完最想看的影集。令我崩潰的是，離交案期限也剩不到一星期了！

親愛的上帝，我誠心懺悔，請再次給我力量，讓我有堅強的信念度過這次難關。

（一週後）

親愛的上帝，謝謝祢，賜予我力量，讓我將案子完成了。我已經三天沒有好好睡覺了，但做出來的結果我很滿意。上帝謝謝祢，我下次一定會提早開始。請與我同在。

【員工王】

親愛的上帝，請原諒我，我又浪費錢了。

祢知道工作競爭有多激烈，要升上更高職位，我還有很多地方需要努力。三個月前，我報了〇〇村的外語班，簽了兩年約，我告訴自己要認真上課，但是才過三天，就遇上連日大雨，路面濕答答讓我狼狽不已，畢竟回家洗熱水澡，比坐在補習班爽快多了！所以同事建議我報名T公司的線上英語課程，不管颳風下雨都可以在家上課。上帝啊，那兩年課程竟花掉我兩個半月的薪水！但我一定會好好努力學好英文！請祢與我同在。

（三個月後）

親愛的上帝請聽我懺悔。我和T公司簽約已經三個月，也就是說，已經花了我一週薪水，但我卻只上了一堂英文課。

原本想著利用下班時間好好學習，但我真的太晚下班了，回家吃完飯、洗完澡，只想上床睡覺。於是我決定早點起床，在每天上班前先上一堂課，我課程都預約好了，但只有第一天爬得起來，之後我居然天天賴床到過了時間。還有幾次，起床後還是好累，我只好開著電腦，腦袋卻不受控地進入夢鄉。

親愛的上帝，請讓我明天順利起床，有個清醒的腦袋。請祢與我同在。

【員工陳】

親愛的上帝，我的專案通過初選了！我感謝祢，將這一切美好賜給我。

還有一個月準備複試，時間很充裕，過兩天我會開始好好努力。

（隔天）

親愛的上帝，今天我認識了一個美麗的女孩，我和她聊天聊到午夜，好久沒有這麼美好的感覺。我感謝祢，將這一切美好賜給我。我沒有忘記專案，明天我再開始加油。

（數日後）

親愛的上帝，等一下我要參加壘球賽，請賜我平安，讓我免於緊張、遠離傷害。我感謝敬拜祢。比賽後我會開始進行專案，加油！

（一週後）

親愛的上帝，後天就要交出專案完稿了，一起入選的同事大多已經完成，我卻還沒動工。我的雜務太多，時間快來不及，我只能盡量備齊資料，不敢奢求能成功了。我很難過，自己竟沒能好好把握。下次若祢再將機會賜給我，我定會全力以赴。希望祢還願意相信我。

這三個人老是在為工作禱告，上帝聽到耳朵有點癢了。於是祂告訴這三個員工：這不是上帝有沒有與你們同在的問題，而是你們要去面對可能存在心裡的問題。

比方說，老王可能有「自我掌控」的議題，沉迷於短時間完成事物的感受；老李心裡或許是「追求成功」的焦慮，所以沒想清楚自己要的是什麼；老陳的痛苦則可能來自「逃避失敗」，以致不願給自己可能成功的機會。

拖到最後一刻，只為享受自我掌控感

你是否有過以下這種經驗？

一件明明很想做的事情，卻總是要拖到最後一刻才去完成，過程中可能有無數藉口、或者旁人殷切詢問，卻怎麼都無法說服你提早進行。然而，等到接近期限的時刻，你卻能高效率地做完所有事物。

像是你可能買了很多想讀的書或ＤＶＤ，卻很長時間都不會拿起來閱讀？等到你突然想讀的時候，卻一口氣用最快的速度看完它們。

就像從事某種極限運動一般，反反覆覆擺盪在最為緊繃和放鬆之間。你也知道這並不是件好事，但就是沒辦法調整步調讓工作規律運行？

先不說別人了，這種經驗在我自己身上就一直重複發生。

大學時，我被喜歡的科目激發得滿腔熱血，期初就想著要逐堂複習，沒想到一週週過去，非得要等到期中考前一天，才願意拿出課本熬夜到天明。有一次，累積下來需要背誦的課文實在太多了，為了防止自己睡著，我竟然想出在浴缸裡泡熱水念書的怪方法，等到天亮後去課堂考完試，再呼呼大睡到晚上，花幾個小時記下來的大量內容，也只花幾個小時就全部忘光了。

進入職場後亦是如此，和同事討論出一個自覺超級偉大的計畫，躍躍欲試想要大顯身手，卻都搞到最後幾天才拚命趕工。或者明知隔天要交一份報告，一早起來看到燦爛的陽光，還是忍不住先去洗個頭、看個電視，等到將近午夜了才拚盡全力，花比白天更多的時間來完成一項作品。詭異的是，看到成果時心裡還有一種了不起的成就感，立馬將方才覺得時間已晚的慌張給掩蓋掉。

於是我體會到，**這種因急迫性所產生的高效率，其實也是一種心理上的成癮**。換句話說，在時間流逝的失控感中享受成功，能為我們帶來更大的掌控感。

成人的叛逆：逃離掌控的隱形鞭子

掌控感對人重不重要？當然重要。很多不敢開車的人，就是因為擔憂坐上駕駛座後，會無法掌控自己（與乘客）的生命安危。

那麼我們掌控感最薄弱的時期為何？是大腦開始懂點東西，離開父母到學校上課的學齡時期，我們連學習什麼、吃什麼，何時可以撒尿、睡覺都要遵照指令，照理說應該被束縛感最強。

然而，佛洛伊德形容學齡階段為「風平浪靜期」，不是沒有道理的。進入小學之後，以往外顯的性、攻擊等本能欲望開始趨緩，轉而投入到追求學習上的成功，藉此獲得重要他人的肯定，於是特別傾向去從事父母希望我們做的事。比方說：父母買了很多測驗卷所以我乖乖地寫，父母送我去才藝班所以我認真地練，父母希望我成績好所以我努力考一百分。但這些傾向背後，其實繫著一條無形的鞭子，連結到在我們心裡所仰望的權力那一端。

然後你會發現，許多孩子離開中學、進入成人前期的大學階段後，突然一下變得十分頹廢，熬夜、上網，課業拖延狀況越來越嚴重。有些人會說，就是沒人管了才會這樣。但真是如此嗎？沒人管的狀況不是該引發更多自由思考才對嗎？會不會這些逐漸脫序的行為，只是學齡期的「被束縛感」獲得覺醒，因此對鞭子另一頭展現出反叛的心思：嘻嘻，越是你希望我做的事情，我就偏不用你說的方式好好去做！

所以說，總是拖到最後一刻的行為，也是一場反叛權力的抗爭。好像非得經歷這種掙扎，才能跟鞭子的另一端有所聯繫，即使每次瀕臨deadline（截止日期）都像面臨死亡一樣難受，然而不用依照規定步調還能完成一切的感覺，就像一次次從死神那兒搶回生存權般刺激。只要我們一直拖著，就好像那條老鞭子一直在身邊逼著，就能一次次享受到贏得權力的勝利感。

原來，拖到最後一刻的老毛病，不但是住在心底的小屁孩正在發洩叛逆的情感，也是一種不想離開父母的行為呀（淚……）。

拖與不拖？關鍵在於接受現實

說了這麼多，這拖到最後一刻的毛病到底會不會好呢？

如果你去查一些心理學書籍，裡頭八成會提供許多解決策略。比如說，減少讓你衝動分心的事物、切割出具體的工作目標和時間等方法。但在我的經驗中，**意識到自己為何如此的原因**更是重要的前提，而這通常和早年與照顧者之間的依附關係、長期以來的情緒壓力狀態，以及某些還沒想通的心理議題相關。

講白一點，倘若你壓根不覺得拖到最後一刻會產生什麼壞處，又何必在意它會不會

「好起來」呢？

至於我那拖到最後一刻的毛病，倒是在我生完大女兒之後大幅改善，我變成一個想到什麼就會馬上動手去做的人，活在世界上幾十年，第一次覺得自己可以和「認真」、「執行力」沾上邊。如果不是將女兒帶在自己身邊，我想，我沒辦法用四年的時間全職工作並取得博士學位。

這是我想和大家分享的最後一件事情，**如果想要克服拖到最後一刻的毛病，我們要有成為大人的「現實感」**。雖然學生時期來自大人、師長的管束，可能在潛意識裡種下「不甘願」的想法，但我們不能誤以為自己一輩子的主權都繫在別人身上。

十年前，我女兒用哭聲喚醒我內在的主體性。在手忙腳亂中，我意識到自己不能在她需要母親的時候，還選擇當一個任性的孩子，但我可以特別珍惜她睡著時，能夠自己獨處和思考的空間。

我開始明白，**有些事情是你想就不能拖的，正如同孩子的成長不會因為你的遲疑而等待**。只有接受現實，你才能為自己與孩子做出最好的選擇。

拖延也是如此，如果戰勝時間和權力的感覺真讓你過得那麼爽，那你就去吧！起碼你最後都「趕」出來了不是嗎？對強烈成就感的渴望也是一種需要，不用有罪惡感。

但如果你想要的是較為平實舒緩的生活，就從今天開始，好好珍視那些發生在周圍的現實。因為，即便抗拒，我們也都已經是大人了。

隱藏不完美的自己，用「拖」逃避失敗心理

工作缺乏執行力，很多時候問題出在「拖」。比方說，該做時不去做、想做時又不行動，但因為我們明白工作的需要、必要和想要，對於遲遲沒有作為便感到深深自責，卻又好像無能為力去改變。這種情形，心理學稱之為「**被動拖延**」。

「被動拖延」是一種**充滿非理性的複雜心理歷程**，也就是你明明不想這樣，行為上卻仍舊如此。**不同於**「一時偷懶」或「暫時擱置」等能被我們意識所選擇的「主動拖延」，它**常常導致我們無法及時完成工作**，或即使完成也依然感到自責，於是就陷入某種語言的循環：

還早……（尚可愜意）

等一下……（休息一下）

明天再說……（今天沒辦法好好做了）

怎麼變得那麼趕……（沒時間了）

下一次要早點開始做……（自責）

等意識到自己的拖延行為時，它已經嚴重影響到工作與生活。

拖延是一種自我保護

為什麼會這樣呢？

你可以先把自己想像成一棵發芽的小樹苗，一點一點成長茁壯。某天，有隻鳥兒從上方飛過，叼來一顆藤蔓種子落在土中，藤蔓順著地面匍匐蔓延，和正在成長中的枝幹相遇。它的枝葉開始糾纏你的生長，經年累月之後，彷彿與你形同一體；等它再長得更濃密後，別人幾乎看不到這棵樹原本的樣貌。

對我們而言，「被動拖延」就像這藤生植物一般纏人的存在，即使**旁人會誤以為是我們太過悠哉**、不夠積極（也就是「時間管理」的技巧問題），卻只有身在其中才明白內心其實滿是掙扎與煎熬。

你想，當我們的處境形同這棵覆滿藤蔓的大樹，還會記得自己本來的樣貌嗎？是的，或許**非理性拖延的目的，就是讓我們不用面對真實的自己**。換句話說，**拖延可能是一種自**

我保護，它是具有功能的，因為我們在其中得到某些好處，才沒辦法下定決心走出來。

拖延還會有好處？是的，拖延能幫助我們掩蓋「**我不完美**」的失落。

你可能會覺得匪夷所思，但有句話你肯定熟悉：「哎呀！今天要考試，我昨天都忘了念書。」奇妙的是，那些聲稱沒有念書的人，通常成績都相當不錯，相較起來，顯然比認真啃書獲得好成績的人優越了一大截。

在我中學時，同年級有位成績名列校排行榜第一名的同學，在他高二跳級考上醫學院那一年，報章媒體大篇幅報導，其中一段令人印象深刻，內容大約是這樣的：「這同學是天才，下課都不用念書，光玩耍和拉小提琴就跳級考上醫學院。」

這真是太神奇了，於是學校裡傳出許多關於他的流言：

聽說他手長過膝，跟當年的劉備一樣耶！

你知道他舌頭伸出來可以直接舔上鼻頭嗎？（好像還有人說可以舔到眼睛。）

媒體和流言一同神化了「天才」的形象：天生十分完美，不費力就能獲得想要。所以我每次經過他身邊，都忍不住用崇敬的眼神去仰望他。這世界對天才的崇拜，彷彿頒給**天生不完美以致要認真努力**的人，一記「次等」的標章。是的，如果不完美的人是不折不扣的「次等人」，誰想承認自己其實不完美？

直到近年，我大女兒上了國小中年級。期中考時，老師出了一題上課沒教過的社會考題，裡頭問：請問〇〇小學在台北市的哪一區？

女兒告訴我，她這大題全錯了，因為從沒有聽過這些東西。接著她又大驚小怪地說：「媽媽，可是那個XXX考一百分耶！而且他下課都沒有在複習，就自己知道〇〇小學在哪一區喔！」

我不禁翻了翻白眼，回女兒說：「他一定是曾在哪裡聽過、看過才會知道。」

沒想到女兒更篤定地跟我說：「媽媽，真的沒有，他下課真的都沒有在複習！」

我突然頓悟，原來當年寫那篇「光玩耍和拉小提琴就跳級考上醫學院」的記者，天真程度其實跟我上小學的女兒差不了多少，都還停留在完美全能的「嬰兒心態」。

「我不完美」是成長的共同失落

「**嬰兒心態**」是什麼？從心理學的角度來看，這種思維的存在有其道理。

那是在剛出生的時候，記憶裡尚留存著與臍帶連結時，不費吹灰之力就能獲得一切的快感，我們誤以為未來世界也是如此，這是一種**嬰兒「全能感」**。然後我們開始會笑、會爬了，一個小小動作就逗得旁人哈哈大笑，我們開始自戀、覺得自己在世上最為美好，這是**「完美感」，一種嬰兒的自我中心主義**。

直到身軀漸漸向上生長、視野更開闊，嬰兒心態會有所蛻變。我們開始知道世界有多大、遭遇什麼叫做挫折，我們不可避免地感受到哀傷，心境卻因此而逐漸成熟，懂得人要在現實、而非在嬰兒時期的幻想中活下去。

但很多時候，我們不願脫離嬰兒幻想的心情，繼續直拗地挑戰完美全能的「神級」境界，甚至還不容許自己達不到！

現實與幻想落差之大，該怎麼辦？「拖延」的種子就這麼悄悄地埋進心裡，只要把事情拖著，就能繼續想像：不是我做不好，是我還沒好好去做！這絕對是**拖延的一大好處，它讓我們不用面對成長中必然的，「我不完美」的哀傷**。

只是，換一種大人的視野：事情做得不夠完美，真有那麼可怕嗎？

追求成功的焦慮，把不想要的也抓在手裡

還有一種拖延，是因為我們還沒搞清楚自己「真正想要」的是什麼，所以把那些「好像想要」的也抓在手裡，搞得生活充滿疲憊。

好久不見的朋友A，寫信來向我詢問某講師的聯絡方式。原來是公司請該位講師去上內部訓練課程，她課後大感佩服，想要私下拜師。

一陣子後，我在路上又偶遇朋友A。她正匆匆要趕往某訓練課程的現場，整個人看來風霜滿面、風塵僕僕。我問她拜師的後續如何？她搖搖頭，說自己還沒有時間寫信給該講師，因為行程實在太滿了。

那天夜半，我收到朋友A的訊息，先是對尚未和講師聯絡一事致歉，爾後說起自己的近況：白天上班，下班後又報了一堆課程、講座，想要充實自己，每堂課前卻提不起勁，要不忘記、要不臨時反悔、要不課堂上打盹睡著。她為自己的「懶散」感到困擾，明白「坐而言不如起而行」的道理，卻無法督促自己「確實執行」。

她問我，她是不是有病啊？

這哪是病？我跟她說，這或許是因為她**聽了太多「意識的聲音」，所以聽不見自己「潛意識的聲音」**。

為何聽不見潛意識聲音？

所謂**「意識的聲音」，大多是認知上知道的、期待的、還有被人賦予的**。比方說，我們會告訴自己我懂的還不足以應付我的工作、我應該趁有體力時多學習，成為更好的人、錯過的話非常可惜、今天沒完成這件事情就死定了……。當腦袋被這些意識的聲音填滿，欲望就會變得很多，促使我們轉動腳步往前走。於是一個偉大的想法冒出頭，還沒來得及實施，另一個偉大的想法又出來搗亂。

而**「潛意識的聲音」則是情感上的、深層的需求**。我們心裡其實有**「工作」和「休息」的時間設定**，或者**哪些事情是在「工作」、哪些屬於「放鬆」的區分感**，但若我們根本不去搭理它，就可能逆向自己真實的感受而為。比如說，你告訴自己「應該要瘦下來才能穿結婚禮服」，「運動」對你而言就可能是一種工作、而非放鬆，所以當你在運動時，意識上雖以為自己在休閒，情感上卻形同工作一樣疲累。於是，努力勤奮根本無法讓人獲得真正的滋養，反而變成一種心靈上的自我虐待。

所以，難怪朋友A會忘記預約的課程、會在課堂上睡著。雖然意識不斷提醒她某些事情「很重要」，但潛意識根本覺得這些事情「小得不得了」，還不如回家睡覺。

「幹嘛對自己潛意識的聲音置之不聞呢？」我問她。

「根本停不下來呀！」她說。好像停下來就會隨時被人趕上、被社會淘汰，好像不努力就得不到愛與認同。

這是一種「追求成功」的焦慮感，很多人都有。這**是成長中一種正常的現象，治不好其實也沒事**。

回想一下，剛開始知道有考試成績這回事時，父母、師長的叮嚀，讓我們知道自己要再加油一點、更努力一點，因為除了一百分以外的成績，都代表還有「那幾分」尚未達標的空間。早在小時候，一副如同父母師長期待的眼光就在心底形成了，佛洛伊德稱此為「超我」，我們依此有了標準來判斷自己「哪裡還不夠好」。

焦慮感的來源，是從別人那兒內化到自己心裡，知道有「缺憾」就代表還有努力空間。

不要為了焦慮而焦慮

近來，書本、媒體、專家的話裡，充滿「放下別人框架在我們身上的標準！」這種批判標準的勸世的心靈雞湯。但只有我們自己明白，焦慮感搞不好就只是一種本能而已。事實上，正因為和它相處那麼多年，我們才成為現在這樣的人——有一點小小成就感的人，不至於被社會給淹沒的人。

當然，**「能放下焦慮感」很好，「勉強自己放下焦慮感」卻有違人性**。或許我們人生在學習的正是「和焦慮感共存」，學習不因焦慮感的存在而太過焦慮，以致產生影響我們生活的焦慮行為。

所以說，**「意識到」焦慮感對自己的影響，遠比「放下」焦慮感來得重要**。

基於這種觀點，我問朋友A：「我看比起上課，妳根本就想要好好享受懶散吧？幹嘛讓『焦慮感』阻擋妳呢？」。

她大笑，「其實我早就想這麼做了。」我知道她終於意識到自己的焦慮。

於是她真的遵照自己潛意識的聲音，回家享受懶散，下班就攤到沙發上睡大覺。一個星期後，她整個人好像清醒了一般，居然拿起紅筆將自己行事曆上的行程刪除大半。

課程報名之後再辦理退費，是要扣除手續費的，她因此損失很多錢，「焦慮感」裡頭又加上了「愧疚感」。但因為是自己選擇的，所以這兩種不舒服的感覺她心甘情願承受，並且，她從日曆上唯一保留下來的行程中，看見自己的真心渴望。

那才是令她最有執行力的一個學習項目。

第六話

賺大錢＝成功，用錢衡量你的人生？

工作賺錢後能滿足於花錢的，
才稱得上是「有錢人」。

阿珍拍的寫真集

老王、老李和老陳的國中同學阿珍被星探挖掘，拍了一本寫真集。不僅寫真熱賣，阿珍更成為網民熱議焦點。在同學會後，三個老同學聊起這件事：

「真沒想到她今天會來同學會，做這種工作就相當於公眾人物了吧？搞這麼大還敢來面對大家的閒言閒語，真是勇氣可佳。」老王首先表示意見。

「你也太保守了，她靠自己努力工作，既不偷又不搶，為什麼不敢來參加同學會？」心直口快的老李對老王所說的，顯得相當不以為然。

「應該是缺錢才會拍這種清涼照吧？我記得她的家境不太好，不然為什麼一個好好的女孩子，甘願變成大家幻想的對象？」老王說。

「那可不一定，搞不好阿珍真的對這個工作很有興趣，剛出道難免需要跳板，她現在有了知名度，只要轉型就能往更高的夢想前進。這只是過渡期啦！」對老王的想像，老陳提出新的想法。

「奇怪了，拍寫真有什麼不好呢？賺錢就不能是一種夢想嗎？幹嘛一副金錢會玷汙人性的模樣！像你們這種從小就沒有窮過的人不會懂的，一旦家裡沒錢，不只生活沒有安全感、父母又很憂鬱。只有幸福不缺錢的家庭養出來的小孩，才是靠志向在過活，我們這些窮過、苦過的，靠的是賺錢的野心。」聽老王和老陳一搭一唱，老李更不耐煩了。

「不缺錢不一定就是幸福的家庭，我家不缺錢，可是我什麼都沒有，在職場上也什麼都不是，我也覺得阿珍應該好好把錢守住，比較實在。」老王難得反駁老李的話。

「錢錢錢，你們真是太膚淺了，錢只是追求夢想路上的附加價值而已。」老陳也有點不爽了。

「你才歇斯底里，工作就是為了賺錢過更好的生活，我支持阿珍到底。」老李依然堅定自己的想法。

「不要吵了。剛剛我幫你們付的晚餐錢先還我啦，免得等一下就忘了。」老王也真妙，大家吵得正熱，他還能記得要回到務實的一面。

看來，「錢」對於職場人而言，確實獨具意義，也因此，「缺錢」的感受就特別值得探討，因為它往往反映著我們每個人在工作當中所欲追求的價值。

賺錢是衡量能力的指標？

老師你好，

我半年前剛從英國拿到碩士學位回來台灣，原本抱著極大的理想，也順利進到第一志願的公司上班，雖然薪水只有二十八K，但我相信在這家公司能實現我的夢想。沒想到半年來，我幾乎做盡所有打雜、跑腿的工作，卻一點成長和學習也沒有，感覺一事無成就算了，還要負擔高價的房租，每月存款寥寥無幾。

反觀當初留在國內直接就業的大學同學，因為工作年資較長，薪資高出我許多，有些甚至準備晉升主管職。就連我出國前才提出分手的前男友，都存到結婚基金準備成家，而我卻連就學貸款都沒還完。

這一切值得嗎？我不禁在想。所有的夢想，在缺錢的現實下，彷彿都要化為烏有了。

Stella

Stella的問題讓我想起一個畫面。

那是除夕夜，老家熱熱鬧鬧地迎回許多返鄉的孩子，祖輩級在高堂上等著孫兒來拜年，發放壓歲錢。小孩們懷滿正紅色的錢袋蹦蹦跳跳離去，彼此巡看的不是紅包袋裡裝多少錢，而是紅包袋上的可愛圖案。

父母就不一樣了，拿到紅包一定先言謝，待四處無人時才檢視紅包裡頭多少錢。接著把鈔票從紅包袋裡抽出來，思忖該回包多少才合理。

偶爾還會聽到長輩們討論：「那個誰誰誰今年包得比較少，應該是沒賺錢。」「那個誰誰誰賺那麼多才包這樣而已，真的很小氣。」

此外，在某些感情要好的成年兄弟姊妹之間，也存在有趣的現象。

那些經濟較寬裕的，會透過發比較大包的紅包給其他姪兒，資助手頭較緊的兄弟姊妹，藉由這種「不明說」的體貼來免去某些尷尬。常用的理由不外乎是：「今年上國中了，姑姑包個紅包給你註冊，記得好好念書喔。」「考上大學了，來，叔叔給你個紅包，去買一台機車。」

漸漸地，每長一歲，我們似乎就更懂得金錢的重要性，但由於**金錢往來過程中「不明說」的隱晦，讓它在意識上形成一種黑暗、汙染人性的聯想**。於是，有氣節的君子要能

「不為五斗米折腰」，有德之士要「視金錢為糞土」，有錢人最常被譏笑的是「窮得只剩下錢」。而許多父母教小孩「摸了錢之後要洗手」，或許就因為我們想像那些鈔票銅板曾受過許多不乾淨的對待。

工作薪水不如人，是沒自信還是沒「賺錢」？

即便人類在意識上排擠金錢，潛意識卻又不自覺認同金錢的隱晦意涵，可以用來比較與衡量一個人的能力和權力。我們都聽過這樣的故事：一對穿著短褲、拖鞋、滿身泥灰的夫妻去看華麗的預售屋，卻被銷售人員冷默以待，沒想到這對夫妻卻當場亮出滿箱的現鈔，看得銷售員雙眼發直，連忙好聲好氣送上茶水。

形勢比人強，口袋有錢似乎就多了那麼點自信。然後我們不自覺地將重點畫在「錢」身上，而忘了真正在乎的其實是背後所連結的「能力」和「權力」。所以，再回到Stella信裡的狀況來看，或許比起「缺錢」，前男友要結婚、就學貸款沒還完、同學比她事業有成、高學歷卻淪為雜工……，這些才是她真正在意的現實。

當然，完全不跟人比較是不可能的事情，但讓人感到痛苦的癥結，往往是因為我們太習慣用薪資福利、名片上的職位等**表面資訊**來判斷，於是只聽到別人好的部分，就誤以為這可以成為衡量幸福的指標，並用此來質疑自己。事實上，**這是因為對自己沒有自信，所以在與人相較之前，心就已經在動搖了**。

承認這點之前，我們實在很難堅持夢想，對工作甘之如飴。

你可能還會想，就算承認了，又能怎麼樣呢？

用心理諮商的概念來說，**一個人願意承認所存在的現實，是為了關注自己真實的情感，把它轉成工作的驅動力，而非浪費時間在那些沒有能力改變的事物上**。舉例來說，人們常常因為太在意「喜歡」、「開心」這些正向情感，所以在自己無法「正向思考」時便感到痛苦，強迫自己要趕緊快樂起來，在當下這就彷彿想把手上的雞蛋丟到火星上一樣困難。然而，坐船去把雞蛋丟到太平洋卻是有可能的，就像**如果善用「負面情感」，它也可能變成一種相當有用的工作動力**。

是的，Stella**對現實生活的不甘心**，就是她**未來繼續奮鬥的最佳動力**。

在金錢之前，我們還是要誠實面對自己的心，想辦法活得更像個人才行。

重點不是賺多少錢，而是怎麼花錢？

有人說過這麼一段話：一個人的物質生活水準高，不一定精神層面的水準也高；但倘若一個人的物質層面水準低，他的精神生活也好不到哪裡去。

從心理學的角度來看，不得不同意這段話，因為這和人們「**對待錢的態度**」有關。**「金錢」在心理上的意涵，可以用「滿足」的概念來形容**。比方說，從前的人生養孩子多，媽媽的母奶沒得喝時，需要用「錢」換取替代性食物來滿足孩子；現代婦女為了滿足自我實現的需要，也得用「錢」聘請照顧孩子的保母，以換取走入職場工作的機會。

錢只是一種「代幣」，本身並沒什麼可以直接發揮的功能。我們之所以會看著存款簿累積的金額傻笑，並非那些數字令人著迷，而是數字背後能換取的「滿足」讓人嚮往。

所以**工作賺錢是為了「滿足」**。然而，滿足感也不是來自那些用錢購買的「東西」，而是我們和那些物質的「關係」。**唯有當我們享受在錢買來的物質中，並和它們形成一種令人感到滿足的關係時，錢才發揮得了它的意義**。

換句話說，工作賺錢後能滿足於花錢的，才稱得上是「有錢人」。

談到這兒，問題就來了。

很多人對於辛苦賺錢後要把錢花掉，會感到心疼。不，有些人甚至是心痛。或者該說，在許多人的觀念裡，花掉賺來的錢而非存下來，根本是件十惡不赦的事，是一種違反「節儉」美德的「奢侈」！

所以怎麼賺都覺得錢不夠，怎麼存錢都覺得不夠多。急促的腳步、緊張的生活，因為我們活在金錢綁成的柵欄裡，沒有學會「花錢的自由」，自然也感受不到「工作的意義」。

不敢花錢、享受生活的焦慮症

他是一個編輯，大學畢業至今十多年來，都在同一家公司服務。

我第一次見到他的時候，最佩服的就是他的邏輯能力，所有天馬行空的思想，似乎都能化為一份具體步驟的規畫。

為了和我約下次會面時間，他拿出手機，卻赫見手機螢幕碎得慘不忍睹，我看他吃力地辨識裂痕背後的文字，忍不住關心。他告訴我，因為家中稚子無心拿起來一砸，就變成這副模樣。我問他，為何不去換一支新手機或送修？

他搖搖頭，指著行事曆說，某個日期電信公司會有換約活動，可以免費換新機。我一看，那是一年後呀，撐得了這麼久嗎？他篤定地點頭，撐不了也要撐，大不了去向朋友借舊手機。接著他又努力地在碎裂的手機螢幕上工作，我才知道，他是把每一封收到的信件，都即刻閱讀，並將讀過的文件刪掉或歸檔。

他平常的個性就是如此，不太能接受計畫外的金錢使用，比如修手機這件事要花費預料之外的錢，所以他寧願忍受「難用」，也不能容許自己在不對的時間花錢。

看著他的模樣，我突然覺得感慨。**一個人辛苦地工作，卻捨不得用工作賺來的錢讓自己過得舒服**。即使他**意識**到自己的需要，也有能力在**行動**上讓自己滿足，但在**情感**上就是存在一個無法允許的關卡。

從心理層面來看，我們會說，**他或許並不相信自己值得過得舒服**，好像罹患一種「**享受生活的焦慮症**」，如果心理上獲得充分滿足，就彷彿小孩子沒有先寫完功課便任性地跑出去玩耍一樣，有種做錯事情的焦慮感。

這往往是**童年時期被過度鞭策的後遺症**，於是我們心理上將「工作」等同於「功課」，「玩耍」形同於「滿足」。只是長大後我們忘了告訴自己：**雖然小時候玩耍要經過別人允許的，但成年後的滿足卻是自己就可以辦得到的**。

在這個年代，只要你肯努力工作，都不太可能缺錢。因為重點是，你能不能用賺的錢來讓自己充分滿足，並且相信，你值得如此。

工作賺錢背後的心理意義

信箱裡收到一封私人信件。

執筆寫信的他，是某公司的核心主管。中年之後的他，銀行存款早已足夠一輩子不愁吃穿，但他卻沒辦法放下過度工作的欲望，每週一到五在公司操勞，週末的時間又排滿飛往對岸講課的行程。

他的腸胃向來不好，豈能禁得起這樣緊湊的生活？但他寧可扛起成堆的「備用藥」，也不願調整幾乎抽不出空白的忙碌。

「唉。我就是總和自己過不去啊！」信件的最後，他這麼說：「即使誠實地面對自己不想過這樣的生活，卻無法放棄自己是工作狂的事實。」

每個無法解決的自我困境背後，可能藏著一種性格、一段故事、一項欲望，或者一個希望。借用心理諮商的語言，我們稱之為「**困境發生的脈絡**」。

要探究發生困境的脈絡，有時需要面對某些充滿情感的過去。

很多時候，我們為了維持日常生活的運行，會不自覺地隱藏這些充滿情感的源頭，費盡心力培養不受情感控制的思維能力。在這種狀況下，我們看似擁有高度的問題解決技巧，久而久之，卻只是讓自己處在情感得不到宣泄的處境，內在飽受不為人知的焦慮，特別是男性和高知識分子。

知道「為什麼」，才能思考「要什麼」

「過去」造就了我們的「現在」，這點很少有人能夠否認。理解過去（脈絡），其實可以改變現在（處境），這點卻很少人能夠明白。

所以我時常被問道：「心理師，回憶那些過去真的好嗎？過去發生的都已經發生了，難道想起那些不會讓我更痛苦嗎？」

通常，會這麼問的人，其實是對過去記得最清楚的人。我雖然同意他們所說的：過去發生的「事件」，無從改變；但心理諮商的臨床經驗也讓我明白：**「我」對過去事件的看法（理解），卻永遠有新的可能性**。

為了探究困境發生的脈絡，我和這位無法放下忙碌的主管，開啟下列的對話：

「你明白工作對你的意義是什麼嗎？（工作為你帶來什麼好處？）」我問。

「賺錢。很多錢。」他毫不猶豫地回答。

「噢。錢對你來說很重要？（不是一輩子不愁吃穿了嗎？）」我又問。

「嗯，如果下輩子（下一代？）也能不愁吃穿更好。」他說。

「看來你很努力地想避免『要愁吃穿』。」我將他的回應，換句話說。

「……不是大家都如此嗎？」

「……是嗎？」

或許真需要點時間思考，一段時間之後，他才又捎來一封信：

「小時候，我家很窮。很窮很窮。窮，會帶來很多被人看不起的恥辱感。我想我只是想要洗刷那種窮困的感覺。所以，工作賺錢很重要。」

「你現在不是已經辦到了嗎？或者你想改變的，是『小時候』的窮。」我說。

「我確實很討厭『小時候』的窮，但『現在』我無法理解的是：我已經這麼有錢了，為何我母親還是一副窮困的模樣？給她錢，她也不會用。」

「用錢，是指要她揮霍的意思嗎？或許她的人生還沒教會她這件事。」

「那她何不從今日開始學起？」

「咦？為何不是你去學習『與窮共存』？**不正是過去的窮，才造就了現在的你。**」信息往返就這樣擱在我最後的回覆裡。

直到很久以後，他才給我捎來最新的訊息：

「我捐了一百萬元給母校，我從校長的眼裡看見了感激。我用母親的名字成立了獎學金，我在她眼裡看見了驕傲。我帶太太去歐洲旅行，我牽著她的手，心底感受到幸福。現在我沒有那麼有錢了（因為我花掉很多錢），但我用錢買到了工作的意義。」

他將來還會是個工作狂嗎？誰也無法預測。

只是，我真替他高興：他的行程表上，終於填上工作以外的事情。

第七話

工作沒FU，熱情不再

工作中的所有迷惘，都只是心理上的顧慮和恐懼而已。

今天幾點下班？

電腦螢幕邊角下的數字鐘顯示18：00。公司規定的下班時間。

老王低調地從最右側的走道繞出去，一邊快步離開公司、一邊覺得心裡不安。老王的太太正在坐月子，雖然家裡有岳母幫忙，但太太還是嚷著孩子是兩個人的，非得他早點下班回家不可。只是準時下班的感覺還蠻奇特的，老王明明就可以光明正大走出去，可是整個辦公室同事都還一副盯著電腦的戰鬥模式，準時下班的人，倒像是偷懶似的。

果然，老王一走，辦公室裡開始出現窸窸窣窣的耳語。

「你看，老王又那麼準時下班了。像個鬧鐘一樣，只要六點整就閃人。」老李正用通訊軟體向同事老陳抱怨。

「那你今天要弄到幾點，要不要去喝一杯？」老李問。

「呃……不好意思，等會兒有點事情。時間差不多，我也要離開了。」老陳回答。

就在此時，總經理也從辦公室走出來，經過老陳座位旁邊還向他使了眼色。老陳迅速收完公事包，跟著總經理後腳出了公司大門。

原來老陳是總經理的連襟（小姨子的先生），這在公司早就是公開秘密，大家都說老陳是靠總經理的裙帶關係才進公司，當初面試只是幌子。老陳對此一直很不好受，覺得自己明明有實力，雖然不想跟總經理走得太近，但偏偏今天晚上又有家族聚會……

老陳心裡想：「哎呀呀，這下子不知道多嘴的同事們又要在背後怎麼說了。」

老李看到老陳跟著總經理離開，瞄一眼時間，18：30。

「哼，半斤八兩。我說你好得到哪裡去，還不是靠裙帶關係。」老李在心底自言自語，然後關起電腦桌面上開了一整天的武俠小說……。

是的，老李的動作是「關起」小說、「開啟」工作文件。

原來老李有一個連自己也沒發現的毛病：白天同事們都還在時，老李總喜歡東摸西摸地做些私事、雜事，等到下班時間後，才開始處理重要的工作。

因為這個毛病，老李總是加班到很晚。

老王、老陳和老李都有工作沒ＦＵ、缺乏熱情的問題。或許他們有三點需要釐清：其一，自己在職場上的「痛點」在哪裡？其二，自己和他人之間的心理功能有所差異？其三，自己是否正面臨中年危機？

是對工作不滿，還是自己？

為什麼我們會對工作提不起勁？

這往往是因為長久以來存在著對工作的不滿意，所以沒辦法激起自己的熱情。至於為什麼會長期處於工作提不起勁的狀態呢？在心理上，通常有三個原因：

其一，還沒有想清楚、或面對讓自己感到不滿的「痛點」。

其二，還沒有擴展自己外在和內在的能力。

其三，還沒有面對人我之間「心理功能」上的差異。

只會嘴巴念，卻沒想過不滿什麼？

在職場中，幾乎每天都有「批鬥」大會。一群人湊在一起打打嘴砲，說說閒話、罵罵老闆，不同的是，有些大會參加起來十分過癮，有些卻讓你感到渾身充滿負能量。其中最大的差別在於，那些開啟負能量的批鬥大會只是純抱怨、純指責、純罵人，甚至純八卦，他們**關心的焦點侷限在自己**身上，所以聽完後毫無所獲，因為根本沒用心思考過究竟在抱怨些什麼，當然不知道說那麼多，是想要解決什麼？

過癮的批鬥大會就不一樣了。每個人都很有焦點地砲轟組織問題，抒發完後就像參加了一場熱血的街頭抗爭，覺得同事之間有志一同，明明在**找出公司問題**，卻覺得組織變得更加團結。因為透過抒發，每個人也**同時在整理和反思自己**，抱怨之後反而更加鬥志高昂。

其實，要意識到自己對工作不滿並非難事，難的是要如何在抱怨中覺察自己所在意的癥結。比方說，純抱怨的語言像是：「那個誰誰誰真是有夠狗腿，只會討好老闆，難怪在公司吃得開。」這種話說再多都沒有意義，因為別人是否討好老闆搏得上位，其實和我們一點關係也沒有。

然而這種純抱怨的話通常有雙重指涉：「誰誰誰討好老闆」反映的是「我不會討好老闆」（我不像別人有那麼好的社交能力），與「別人在公司吃得開」相對的是「我在公司不夠罩」（我位階不夠高，不夠受人尊重）。後者才是我們需要去面對的，讓人工作提不起勁的「**痛點**」。

是的，這就是「痛」點。因為對大多數人而言，**承認自己真正的想法是很痛苦的**。所以我借用心理學的概念，整理出職場中可能讓人感到提不起勁的七大痛點：

一、我覺得自己在工作上**學不到新東西**。

二、我的工作**沒辦法實現人生的夢想（理想）**。

三、我在工作上**沒辦法獲得自己的肯定和別人的尊重**。

四、我在工作上**沒辦法獲得良好的社會互動關係**。

五、我的工作**沒辦法給我合理的報酬**，讓我沒什麼安全感。

六、我的工作不夠穩定，而且讓我**過於焦慮**，幾乎超出可以負荷的範圍。

七、我的工作讓我**沒時間進行其他休閒活動**，或者**損害我的健康**。

以往進行求職（轉職）輔導時，我們專業人員會利用這七大指標所編制成的心理測驗，來協助人們思考自己在工作上的價值取向。同樣的，在工作提不起勁時，我們也可以用這七個指標來思考自己。

這是一段**從「純抱怨」進而不斷「自我對話」，直到發現自己究竟「想要透過工作獲得什麼？」**的歷程。

把抱怨轉成自我對話，找出工作痛點

有些人會說，他們已經想出答案了，但無奈工作就是沒辦法給他們所期待的，自己也沒有能力離開這份工作。於是大部分的人就開始啟動腦袋裡的「退休模式」，盡量降低欲望和夢想來適應職場生活。而這些人也容易成為「工作提不起勁」一族。

甚至還有職場人告訴我：「公司會留著我，基本上是可憐我們沒別的地方可以去。」嘖，其實公司可不可憐我們並沒有那麼重要。重要的是，**當我們把自己塑造成一個「可憐」的人，無形中就限制了內、外在可以發揮的潛能**。

比方說，一個上班族為了每天要花超過兩個小時通車上班感到苦惱，尤其不小心睡過頭，急急忙忙跑到車站，還要受限班車行駛時間，害怕遲到的壓力已經很大，假日時更因為平時太常坐車而不想出門，只想躺在床上發懶。不幸的是，這位上班族的工作價值偏偏是「賺錢就是為了要享受生活」，平日、假日都沒有休閒的時間和心力，便成了他的「工作痛點」。

他工作提不起勁的癥結，卡在「公司那麼遠，我又註定要跑這麼遠。」

這看起來是不是相當無解？

當然不是。通車花那麼多時間，不會找點事來做嗎？真的不想花那麼多時間，不會改成開車嗎？

是，但他可能還會說：因為停車位不好找，還要付停車費，市區開車又很容易塞車。

然後你會發現，**我們在工作中的所有迷惘，都卡在一堆心理上的顧慮（想像）和恐懼而已**。顧慮阻撓了我們的決定，恐懼則阻礙我們發揮能力。這些才是無法點燃工作熱情的真相。

心理功能的差異，讓你天天糾結演內心戲

工作之所以提不起勁，還有一個相當重要的原因，就是我們不夠了解自己與他人在「心理功能」上的差異。這是榮格所提出一個相當有趣的概念，雖然還未經過太多科學研究的考證，但我認為，這足以拿來做為反思人我差異的重要參考。

「心理功能」影響你會怎麼想

在榮格的解釋裡，「心理功能」包括：思考、情感、感官和直覺的功能四類。這指的是我們在意識上慣用的、藉以判斷內外在現實的強項反應。我們可能因為遺傳因素而特別擅用其中某項功能，所以每個人的性格也因此有所差異。

所謂「思考的功能」，是根據**分析邏輯**去定義我們注意到的事物，「情感的功能」則是藉由**價值觀**去判斷所注意到事物的價值。由於兩者都具有某種**可預測性**，榮格將它們歸為「理性」的功能。

舉例來說，如果一位員工從小認同「不能染頭髮」的校規（價值觀），所以他告誡同事最好不要染頭髮，以免顯得太招搖，為自己帶來不利，那麼他就是擅用「情感」的功能。而另一位擅用「思考」功能的員工卻可能會質疑：是嗎？這有科學根據嗎？有沒有什麼醫學報告或社會學理論可以參考呢？

至於「感官的功能」和「直覺的功能」，則偏向僅用**經驗**去理解事物，而沒有使用認知評估的過程，榮格將它們歸為「非理性」的功能。其中，「感官」功能是透過自身對世界的實際感知，來確認某種事物的存在；「直覺」功能則促使我們將潛意識和無意識經驗中的一切打散重組，看能出現什麼新的可能性。

例如，當老闆突然請員工吃飯時，擅用「感官」功能的人會深受外在刺激影響，想著老闆點的食物會不會太辣、太鹹？同事說話會不會太吵？這些雜音都會影響他們覺得這頓飯吃得舒不舒服。至於擅用「直覺」的人呢？卻可能在前往餐廳的路上，就開始想像「老闆要跟我們什麼話，才特別請這頓飯，」的可能性了。

除了心理功能，榮格還提出兩種心理能量的「方向」，包括「外向性」和「內傾性」。其中，偏屬外向性的人，心理能量是由「自我」往「外在客體」（也就是外在人事物）驅動，所以外向性動力讓我們渴望向外在人事物靠近；內傾性偏向的人則相反，心理能量是由「外在客體」往「自我」驅動，所以內傾性動力讓我們面對外在人事物時其實頗有自我主張，卻不自覺要對抗外在對自我的影響，因此常常浮現許多藏於內在的心理小劇場。

兩種心理動能的「方向」（或稱為心理態度），加上四種「心理功能」的運作，導致職場上的人際關係迥異且複雜。

情感遇上思考、感官遇上直覺

因為「心理功能」的差異，讓人與人相處時，常會出現誤解。倘若我們不能理解這是因為每個人所擅長的心理功能不同，就容易浮現「我被針對了」、「這人怎麼這樣」的「煩悶」感，以致在職場中感到不滿意、不順心。

我先舉個發生在自己身上的例子。

就我個人來說，最擅用的心理功能是「情感」，心理動能的方向則更偏「外向性」。某天，人事室發了一份「兼職報備」的表單讓辦公室同仁填寫，同事們全部傳過一輪，最後放到我辦公桌上。當我準備填報時，瞄到一位同事寫下在某處兼職的報備，我心想，身為主管的我居然不知道這件事？於是心裡開始產生許多糾結，更正確地說，應該是「冒火」才對。但以我對這位同事的了解，他不可能沒事先跟我說，就大剌剌地擺在我眼前？是不是他跟我說過，而我忘記了？依我的個性，忘記絕對有可能，可是當下我又不太確定。

就在坐立難安、當事人卻不在辦公室的狀況下，我實在很難立即放下對這件事情的在意，於是我找了另一位值得信任的人來談這件事情。事後證明，果然同事事先就跟我說過，是我忘了，而這同事恰巧擅用的是「思考」功能，所以在他的邏輯下，根本想不到已經說過的事情，我居然會忘了！

想想，如果我是「內傾性」的態度，將這些內在小劇場都放在心裡拚命想而不說出來，結果會是怎樣？自然是會和同事間產生某些芥蒂、隔閡，沒辦法再像以往一樣自在相處。

倘若說到這邊你都能理解的話，我們試著再探往深一點來看：為什麼我當時會這麼在意這件事呢？有先說也好、沒先說也罷，既然填出來，不就等於是報備了嗎？程序上並沒有什麼大問題，有什麼好在意的？

那麼，我們就要繼續談談「心理功能」的進一步概念。

理性與非理性的衝突

既然每個人都有「擅長」的心理功能（也就是優勢），自然也會有「壓抑」的心理功能（劣勢）；而那處於「劣勢」的心理功能，往往是我們「優勢」心理功能在理性或非理性上的「相對面」。也就是說，擅用「情感」功能的人，就會壓抑**同屬理性層面**的另一項相對功能，也就是「思考」，至於擅用「思考」的人則反過來是會壓抑「情感」功能。

還記得嗎？榮格將「情感」和「思考」歸為理性功能，「直覺」和「感官」為非理性功能，它們彼此會相互壓抑，形成彼此的「陰影」，也就是自我不想發展的功能面向。

所以，如果我當時判斷同事沒有事先告知，只是為了要填報資料才照規定、照邏輯辦事，那麼像我這種擅用「情感」功能的人，就會直接排拒像他那種「思考」功能的運作，因為「排拒」所衍生的，當然就是生氣等負面感受了。

這是他的問題嗎？當然不是！問題出在我們彼此的心理功能剛好處於相對的互斥面，他無疑是觸碰了我陰影中的抗拒，成為我所想像中那種討厭、無情的人罷了。

換句話說，當不理解彼此的心理功能有所差異時，他明明在運用思考、我卻硬要栽贓他（對我）無情，若老這樣因誤會而白耗心力的話，工作又怎麼能充滿幹勁呢？

精彩的人生上半場，失去鮮度的中年危機

我們每天在工作中都會遇到形形色色的人。比方說：自己身居高位，卻忙著打壓年輕人的老主管。自己的事都管不完了，還要每天忙著打電話到各單位查勤的糾察隊。老是見風轉舵，前一秒才剛談好、下一秒馬上變節的牆頭草……。

若你仔細觀察，會發現這種種令人惱怒的舉動，其實都和工作失去熱情有關。因為沒辦法持續把內在動能灌注在與工作真正相關的事物上，只好在職場裡頭說三道四（興風作浪），找一個覺得自己還能付諸心力的地方。

用行話來說，很多人稱此為「中年危機」，或者說，一種對於前半生自己的困惑。同時，這也是一項與「成熟」相關的課題。

「白頭宮女」是否該急流勇退

在公家機構上班二十多年的她，雖然才四十多歲，就被同事戲稱是這政府大院中最資深的「宮女」。新人報到都要先跟她拜碼頭，打聽一下單位風氣和主管習性。

說真的，剛開始她感覺可威風了，尤其是碩士、博士、名校、留美的新人，不論是誰都要過來嘴甜地稱她一聲「姐」。但近幾年，老同事紛紛轉調、退休後，她越來越覺得自己對「大姐大」的角色似乎充滿羞赧，什麼「姐」的甜言蜜語聽來也越像嘲諷了，彷彿在說自己沒多少學識，只是賣老而已。

於是她的脾氣越來越暴躁，對新人也更加嚴苛，大家對她說話自然也不那麼中聽。最慘的是，前陣子老闆還開玩笑地問她，有沒有打算「急流勇退」？

面對奉獻大半青春年華的工作，她實在是不甘心。

苦熬等退休的「老老師」

從事教職工作十多年的他，症頭出現得更早一點，才過四十，就覺得新進教師像猛獸一樣來勢洶洶，光科技化教學就把他這種「老（資深）老師」給打趴在地上。

當年男孩子學歷史已經讓他求學時受盡耳語，好不容易，前幾年在教學上一點一滴建立起的信心，如今又被那些具有「神等級」教師風采的年輕人給摧毀殆盡。最慘的是，大辦公室裡，坐在他左、右兩邊的老師鬧不合，常常讓他裡外不是人，只好成天扯些逢迎的鬼話。

天啊，這種日子他還得熬到屆滿領月退，其實他現在就想直接去精神科報到了。

人生下半場，更要做得開心

人到中年時的困惑感，就好像你一覺醒來，突然無法肯定前半生種種努力的價值，生命開始騷動不安。很多職場人前半生充滿幹勁，所以臨到此時，總以為自己得了什麼不可告人的心病，而沒辦法忍受這種無能、困惑感的發生。

有些人覺得這種感受太陌生難熬了，所以任由內心衝動行事去毀掉自己的生活。然而，你也可以將它視為一個**轉捩點**，促使你去聆聽與關照自己心靈上的變化，因為就心理發展的觀點來看，每個人邁入成熟之前，確實**都會**面臨這項「關卡」。

這對我們下半場的職場生涯，具有兩項重要意義：

其一，從**實際年資與自我能力相符**的程度，去評估自己還有所缺憾的地方。那些讓我們感到「不想就這樣算了」之處，就是未來可能努力的方向。

其二，發展**輔助性的心理功能**，甚至將原本劣勢的心理功能整合進自我當中。何謂「輔助性的心理功能」？通常指的是你最擅長使用（優勢）、及最排斥壓抑（劣勢）的心理功能之外的兩者。

比方說，擅用「情感」的人（優勢功能），同為理性屬向的「思考」就為劣勢功能，那麼非理性向度的「感官」和「直覺」功能，就可能是先後發展出來的輔助性功能。

拿我自己為例，原本最擅用的是「情感」功能，沒想到學了心理學以後，「直覺」功能的使用卻越來越明顯。然而，直到現在，我都還在學習如何與「思考」功能強的人相處時，能別動不動就想要發脾氣！

或許還有人會說：啥？中年以後還要那麼累，學這麼多、整理這麼多喔？我都已經很「資深」，不想再那麼努力了？

如果有這樣的困惑，我們可能要重新來界定一下「努力」的定義。「年輕」時的努力對大部分人而言，是期待、甚至要看得見「成果」；「資深」時的努力，則是為了讓自己在工作中還能覺得「**我真的做得很開心**」。

是的，職場中沒有不勞而獲，即使有也只是一時僥倖。想要在職場中生火，首先要燃起自己的熱情，學會自我激勵。倘若工作的熱情燃不起來，那起碼要點燃**對自己的熱情**。

在職場中，如果連了解自己「為什麼會興致缺缺？」「為什麼會變成管家婆、牆頭草？」的熱情都沒有，就真的什麼都沒有了。

第八話

換工作也不能解決的問題

你要追求喜歡的生活，
還是更好的生活？

老李要辭職了

「老李，聽說你要辭職了！」老王衝進老李辦公室，詢問這個他聽到的勁爆消息。

「唉，說來話長。」老李的表情顯得很無奈。

「你怎麼這麼傻，老大不小了，超過三十五歲換工作，等於要重新開始，而且要找到像現在薪資福利這麼好、位階又高的工作哪有這麼簡單。幹嘛衝動啊？」老王勸老李。

「哎呀，你不懂。我老闆根本是在羞辱人，我都幾歲了，他還像罵小孩一樣。」老王搖搖頭，其實他對這份工作沒有不滿，只是管不住自己衝動的個性。

「不是我說你，職場上誰不是為了五斗米折腰？在還沒有後路前，怎麼能自斷前途呢？你不喜歡老闆，私下找工作，等到真找到工作再離開。」即使也看老闆不順眼，但老王慣用的是騎驢找馬型招數，交辦事項能過關就好。

正當老王和老李聊得正熱時，老陳走進來了。

「喂，聽說你嗆你們老闆啊？如果不是真心想辭的話，去跟老闆道個歉就行了。逼走部門員工，對他的名聲和績效都不好，你其實不用太擔心。」老陳語氣平淡地說。

「是不是？連老陳都這麼說，你還是別真走到離職那一步吧。」老王趕緊接話。

「嗯，然後我想跟你們說，我只做到月底。」老陳又說。

「啊？」老王和老李同時驚呼。從沒聽說過老陳想要離職的想法啊？

「我在這間公司想學習的目標已經達到了，想去新的地方看看。」

「已經有新去處了？」常常上網找工作的老王驚訝極了。

「之前拜訪Ａ客戶時，剛好認識他們總經理，前陣子，那位總經理問我要不要嘗試新挑戰。我想，覺得自己在這裡的目標也差不多了，可以去學習一些新東西。」老陳說。

Ａ公司，那可是個極品好缺。老王羨慕得口水都快流出來了：「你老闆捨得放你走？不會覺得你背叛公司？」

「人各有志，我盡心盡力為公司服務這麼多年，如果他能祝福當然好，如果不行，我又何必為此放棄追求自己的未來呢？」說完，老陳回去開始收拾東西，累積多年的辦公雜物，他俐落地一件件丟掉。

職場是怎麼回事？沒真的想辭職的卻喊出辭職、想換工作的卻找不到新頭路、看起來最穩定的卻最快離職？其實這一切的重點都在於：你對於自己的未來，到底有沒有一個明確的判斷標準？

為了追求「更好」的生活，忘了那份「喜歡」

職場難免迷惘，什麼時候會讓你起心動念想換工作呢？

十幾年前，台灣的升學制度尚在轉型。有一段時間，我在臺灣大學和師範大學從事心理諮商工作，卻面臨一個讓我深思許久的現象。

我在臺大遇到許多優秀的學生，他們分別來自各個不同的科系，卻都在初次見面時，提出類似的主訴問題：

「為什麼我沒考上醫學系？」（咦？臺大只有醫學系嗎？）

怪的是，我在師大也遇到許多優秀學生，他們同樣來自不同科系，但也提出類似的困擾：

「為什麼我沒考上臺大呢？」（咦？台灣只有臺大嗎？）

當時我還年輕，諮商經驗也沒幾年，一方面對這樣普遍的問題感到「匪夷所思」，另一方面卻又莫名地覺得「可以理解」。

然而，當我再問他們：「所以你想上醫學院嗎？」「你想上臺大嗎？」

「是啊！」他們毫不猶豫地說。

「是因為你喜歡嗎？」我又問。

大部分的人會在第一時間楞住，然後沉默。

我想，他們都犯了同一個毛病：**想要追求「更好」的生活，而忘了思考什麼是自己「更喜歡」的生活**。然而**那份「喜歡」，才是我們想做一件事情的「初心」**。

想想你的「初心」是什麼？

用心理學式的語言來談人們**喜歡**做的事，我們稱之為「**興趣**」。

是的，就是我們在入學資料卡、履歷上都會填寫的項目之一，我記得許多人都會填上畫畫、養小動物、音樂、運動之類的答案。也就是說，早在數十年前，老祖宗就已經知道要去關注人們心裡的「喜歡」是什麼；可惜的是，過去的教育現場，卻很少人告訴我們，該怎麼**將這些「喜歡」，與自己未來密不可分的職場生活結合在一起**。

於是，這些「喜歡」逐漸被我們的意識所隱蔽了。當我們在生活中遍尋不著「喜歡」

的感受時，念書、工作都會跟著失去樂趣。

為了解決這個問題，美國霍普金斯大學的心理學教授約翰・霍蘭德開始投入這方面的研究。他發現，原來「興趣」本身是不能被抹滅的；**我們對於某些事物的「喜歡」，是存在於人的性格當中，一種推動積極行為的活動力**。換句話說，當工作能活化我們心底喜歡某些事物的本能時，我們才能愉悅地投入職場，成為一個具有生產力的人。

這就是為什麼會有那句老話：「勿忘初心。」

把「喜歡」放進工作中

如此重要的「初心」，為什麼會被意識所隱蔽、被人所遺忘呢？有兩個重要的原因：一是我們**過度認同社會期待的「外在價值」**，二是我們**無法打從心底「相信自己」**。

我想起一個故事：

在北部郊區的某間醫院裡，有兩位年方四十的醫師。他們都出生於醫學世家，從小就被父母期待，長大後要走上行醫這條路。然而，他們也從小就知道，自己有比念醫學更喜歡做的事，比如其中一位熱愛音樂，另一位則想成為昆蟲學家。

成績優秀的兩個人，後來雙雙考進醫學院，最後落腳在同一間醫院。不同的是，原本想成為昆蟲學家的那位醫師，行醫日子非常快樂；而原本熱愛音樂的醫師，則憂愁得失去了笑容。

我問熱愛音樂的醫師：「您為什麼看起來如此憂愁？」

「因為我不喜歡當醫生，每天還要看好多病人，他們每一個人都愁眉苦臉地來，我怎麼笑得出來？」他說：「而且要忙著看這麼多病人，我已經好久沒有聽音樂，也唱不出歌了。難道我已經步入中年，還要期待自己可以當歌手嗎？」

「醫師，那您為什麼不少看一些病人呢？」我又問。

「這麼辛苦不就是為了養家？將來孩子還要出國留學呢！」他回答。

我又問想當昆蟲學家的醫師：「那麼，您為什麼看起來這麼快樂呢？您當初也不想當醫師啊？」

「就是因為不想當醫師，所以進醫院工作後，我才開始尋找『當醫師』的意義。」他說：「我在學醫的過程中，學到許多相關生物的知識，所以我把昆蟲養得特別好。更重要的是，我當醫師所賺的錢，讓我有能力買一間小屋子專門來養昆蟲。」

講到這兒，他彷彿偷笑了一下：「但我老婆怕蟲，所以我平常不太讓她去那裡。那是我的秘密基地。」

嚴格來說，這兩位醫師都算是「未忘初心」的人。只是，熱愛音樂的醫師（嗯，應該說，「以前」熱愛音樂的醫師）選擇認同社會對於高社經地位的期待，寧願讓自己陷入憂愁，也要壓抑對音樂的喜愛。至於在秘密基地養昆蟲的醫師，則為了熱愛昆蟲的執著，而學習去適應自己在職場中的位置所在。

想想，這些昆蟲還真是功德無量。牠們不只讓一位不想成為醫師的醫師，變成一名快樂的醫師，也讓我們明白一件事情：當你覺得現在工作得不開心時，也許不是職場的問題，而是你還沒有將「喜歡」放進工作的問題。

那麼，**我們根本只是在職場中「執行任務」而已，而不是在「實踐工作的意義」**。

是的，這絕不是光靠「換工作」就能解決的問題。

選擇「喜歡的工作」就一切順心嗎？

追求「喜歡的生活」，就要放棄「更好的生活」嗎？

坦白說，我認為在大多數人的生命中，不只要追求「喜歡」而且「更好」的生活，還得同時擁有，缺一不可。想想，**倘若我們沒有保持生活會越來越「好」的希望感，你有把握能堅持捍衛自己的「喜歡」嗎？**

所以說，想讓自己同時擁有「更好」又「喜歡」生活的心情，一點都不奇怪，不需要因此感到不好意思，懷疑自己是不是要求太高或臉皮太厚。只是不可諱言，也有許多人因為想**同時**追求「喜歡的生活」及「更好的生活」，而感到挫折、困頓與失意。

最重要的背後原因，是我們忽略了「喜歡」和「更好」的生活，往往是有**順序性**的。因此，當這兩種生活沒辦法同時握在手裡，就覺得自己還不夠成功（或根本就是魯蛇）、對生活不夠滿意，自然會時常萌生「是不是該換工作了」的疑問，導致心理上缺乏對工作的穩定性。

換句話說，當我們在這種心態下想著要換工作的時候，心裡所關注的是**如何逃避**工作中「不好」或「不喜歡」的地方，而不是**如何朝向**「更好」或「更喜歡」的職業**邁進**。

是「逃避」不喜歡？還是「趨近」喜歡？

讓我用三條**心理公式**來說明，或許你會更明白為何會有「逃避」和「趨近」的區別：

公式一：我追求我喜歡的生活，因為我相信這樣會帶來品質更好的生活。

公式二：我追求品質更高的生活，因為我相信這能支持我做自己喜歡的事。

公式三：我追求能讓我過得更好且更喜歡的生活。

公式一和公式二的心態，因為**有目標及信念支撐**，所以對組織的評估與黏著度往往比較高。公式三則因為沒有兩種目標的相互支撐，倘若又缺乏其他堅定的自我信念，就很容易處於「**尋尋覓覓**」的狀態，一旦生活遇到挫折時，也更容易感到迷惘和失意。

那麼，人在迷惘的時候會做什麼？

很多科學證據顯示，我們會在夢裡、或者許多其他時刻與內心的潛意識對話。而現代上班族最大的問題，就是認為自己忙碌到沒有必要去理會這些內在聲音，於是潛意識便用一種我們無法知覺的衝動來加以展現。

「煩惱要不要換工作」就是一個例子。

老是煩惱「要不要換工作」

我自己曾經換過好幾次工作。在年輕時沒有好好思考過自己想要什麼，只能用擅長的事項來換取更好的生活。當時，我連談「更喜歡生活」的心理層次都還不到，卻因為明白怎樣的工作能讓生活過得「更好」，每每要轉換工作時都毫不猶豫（就是哪裡錢多，就往哪裡跑）。

至於「喜歡」的重要性之所以會住進我腦海裡，是因為某天，**我突然想像未來可能會過自己「不喜歡」的生活**。

那是在我念諮商心理系碩士班快畢業時，考量到就業前途，我修完教育學程，並且打算選擇畢業後先到小學做一年的教育實習，之後報考教師甄試。

當年我剛結婚，在還未開發完成的台北市內湖區買了一間預售屋，然後與附近新成立的明星小學簽下實習合約，好像人生邁向一個新階段：成為人妻，還可能得到足以讓人稱羨的小學教師工作。若未來生下小寶寶，可以就讀住家附近的小學，或許我還有能力罩著他……。

拿到實習合約那天，我開開心心地和老公去慶祝看似光明的未來，沒想到回家後卻感到胃痛。

我一向是個腸胃超級健壯的女孩，不管吃什麼過期食物都不會有事，突來的胃痛當然不會是因為方才的大餐有問題，那究竟是為什麼呢？

剎時間，我突然對腦海中完美的未來藍圖感到噁心，沒辦法想像未來十年，不！是數十年都過這樣的日子，會是什麼樣的光景？天啊！這絕不是我喜歡的生活。

於是我做了一件無比任性的事，在沒有好好和家人商量的狀況下，我向明星小學的校長扯了大謊，讓他撤回我的實習契約。這件事情，我至今都覺得十分抱歉。

然而斷了自己的後路，我才更認真專心在自己選擇的諮商專業上。我剛進師大當心理師時，由於《心理師法》才剛通過，制度還未建立，我領的只是約聘助理級的低薪，連要人事室開在職證明的資格都沒有。但因為知道自己在做「喜歡的工作」，我非常認真努力，薪水不夠貼補貸款的部分，就趁晚上和假日到補習班授課兼差。

我的生活過得一點也不好，但我始終以自己的選擇為榮。

走在「喜歡」的路上，相信「能過得更好」

選擇「喜歡的工作」就一切順心了嗎？人生當然沒有這麼簡單。

如同我先前說過的，倘若你不能**覺得**自己過得「好」，有多少人能真正堅持自己的「喜歡」？數百萬元的貸款對當時不過二五年華、涉世未深的小夫妻而言，是每天睜開眼就卡在心頭上的一根刺。

我們很快就發現，光憑「喜歡」很難支撐全部的人生，於是被一股強烈的不甘心驅使，又重新提起「要過得更好」的欲望。「好」和「喜歡」就像縛在左右肩膀的兩塊大石，讓我對職場充滿挑剔，也累積許多委屈……，漸漸地我幾乎忘了自己的職業熱情，只把工作視為一塊躍往美好人生的「跳板」！

於是我的目標變得十分狹隘，為了追求「最好、最喜歡的工作」（其實我也不知道那是什麼），展開一連串「換工作」之旅；付出的代價卻是，其間每一份工作都像個過客，我匆匆來去，不敢停留下來體驗和經營。原本給我機會的人，也對我透露出「想要離去的無情」感到失望。

迷惘中的人生是不會順遂的。經歷一段長時間的挫折碰撞，我終於開始面對自己不同於其他心理專業人員的「**獨特性**」。從前為了獲得專業領域中大部分人的認同，我習慣不去表達與人不同的「異見」；當藏在內心的「不同意」沒法展現，自然連**從「不認同」的感受中，反思何為自己「所認同」**的機會都沒有了。後來，我是在一長串心理分析訓練中，重新解放心底的「不同意」，那些對於事物的「喜歡」與「認同感」，才又重新在生命中活躍起來。

前些年，我決定從專業科系轉往通識教育時，某大學系主任曾經問我：「你確定要做這個決定?所有念諮商出來的，可以進到諮商專業系所教書就是第一志願，真的不行才會去通識中心、諮商中心，你在這種狀況下換工作，不怕被人家看作是這一行的『二軍』嗎？」

不，我一點都不怕。因為我已經**知道自己為何要換工作**，以及，我從來沒有用「二軍」來看待過自己。

是的，走在自己喜歡的路上，有時的確讓人覺得辛苦。所以無論如何，你都要想辦法讓自己過得好、並相信未來會更好才行。

「普通」上班族也能過「精彩」人生

某天，我收到一位電台聽眾的來信。

信裡頭說：她是一個普通上班族，但每次聽到我在廣播節目中訪問那些生活相當精彩的名人時，心裡不免浮出這樣的疑問：**「普通上班族也能過那樣精彩的人生嗎？還是非得要換個不普通的工作？」**

我對這封信的內容相當感興趣。因為通篇文字裡，可以明顯讀到她心裡的關鍵字：「普通上班族」。

依照我的經驗，這可能有兩種狀況：第一，對於身為上班族相當引以為傲，所以才會將這掛在嘴邊；第二，已經不想當個普通的上班族，所以用這個詞彙來貶抑自己。

如果是第一種可能，那麼我會將她的提問，看作是她正處於**迷惘期**，失去原本對自身工作的驕傲；如果是第二種可能，那麼也許她正面臨**工作瓶頸**，或者心裡已經有一些轉換的計畫，只是缺乏踏出實行的勇氣。

和大部分人一樣，就表示沒成就？

於是，我和她分享一個最普通的上班族故事：

有一個很普通的女孩，在很普通的家庭裡生活了十八年。專科畢業那天，父母帶她到一間貿易公司面試會計的工作，她很順利地就應徵上。

那是四十多年前的台灣，會計人員的月薪大概只有一千元，扣掉每個月的零花金一百元，女孩將剩餘薪水都交給父母做為家庭開支。但她每天都過得非常快樂，在上班、下班的路途之間，她覺得自己打開了不同於家庭與學校的眼界。

逐漸熟悉自己的工作內容後，女孩看到老闆在外頭風花雪月，負責為公司處理帳務的她，對於這種一點也不普通的情況感到惶恐，同時間她有了自己的婚姻和小孩，於是她決定離開這個不再普通的工作，去報考公務人員。

公家的飯碗並不是那麼好捧的。連續報考幾次都落榜。別人都問她，費盡心思地爭取那種死薪水的普通工作，有什麼好處嗎？

「沒什麼好處。」她說，「只是能讓我過普通平凡的生活。」

終於在三十六歲那一年，她如願考上公務員。放榜那天，她牽著幼小的女兒去看榜單，看到自己的姓名出現在榜單上的那一刻，她高興地將蹲在路邊賣口香糖的阿婆身上所有的口香糖，都打包買回家。

這可能是她普通的人生當中，做過最不普通的一件事了！

故事到這兒，我告訴這位聽眾：這個普通的女人，就是我的母親；而那個看著母親買下所有口香糖的小女孩，就是我本人。

「我真的有點驚訝，我以為妳的家庭應該會有一些不太普通的故事。」聽到我的自白，這位聽眾毫不掩藏地說。

「我想，也許是我們都汙名化了『普通』這件事。雖然常常有人把『平凡就是幸福』掛在嘴邊，但我們心底卻認為，『和大部分的人一樣』就代表沒有成就。」我說。

「不過，和別人不一樣，不是才代表會被人看見嗎？」她又問。

「**被別人所看見，是一種嬰幼兒心態的需求。一個成年人的需要，是被自己所看見。**這點，我非常以我母親為傲。」

這倒是真心話。還記得幾年前的我，已經換過好幾次工作，卻還是沒辦法從中獲得真正的快樂。有一天，我看著母親將工作帶回家處理，那是一些要核對發票金額和帳表是否相符的事務。我看著她挑燈夜戰，臉上卻昂著充滿興致的表情，忍不住問她：「這工作不會很無聊嗎？」

「不會啊！」她抬起頭來對著我：「我真的太愛我的工作了！」（我當時真覺得她在唬弄我：我的工作那麼有挑戰性都不覺得快樂了，她的工作這麼乏味，又怎麼可能會開心？）

「為什麼呢？不就是報帳嗎？」我不解地問母親。

「是啊！報帳這個工作可以讓我依照自己的步調去進行，而且每做一次，我都可以再想出一種讓我工作更有效率的方法。」她有點小得意地繼續往下說：「所以我現在都是第一個把工作做完的耶！」語畢，她又愉快地投入數字城堡裡。

母親的話讓我體會到，所謂精彩的人生，至少有兩種以上的開創途徑：

其一、是嘗試去做一些自己喜歡（渴望）、而且與眾不同的事物。

其二、是用和別人不一樣的態度，去完成和別人一樣的事物。

後者，用心理學的語言來說，叫做**「勝任感」**。當我們面對一件事情時，能有決心先把它「搞懂、弄熟」，最後我們就可以在這種熟悉當中，玩出其他一百種不同的巧思。

這就是為什麼一個普通的上班族，也能讓自己的工作變得一點也不普通，因為即便我們沒有先天獨特的條件和後天優厚的環境，我們都能選擇掌握自己的**態度**。

分享完母親的故事後，這名聽眾感性地告訴我：「妳母親的故事對我相當有啟發。因為我恰巧也是一名會計，而且我正在重新找回這份我已經幹了二十年工作的驕傲。」

是的，普通上班族本來就可以過得很精彩、活得很驕傲，只是有時我們會不小心遺忘了它。當然，這也不是換工作就能解決的問題。

第九話
你的夢想是什麼？

從想像「十年後的你，想成為什麼樣的人」開始，到此時此刻、以及之後每一年……

金牌得主

一個節目採訪了在神農獎比賽中，分別拿下金、銀、銅獎牌的三位得主：

請問，拿下銅牌獎的李先生。聽說您曾在科技公司上班，怎麼會願意放下科技新貴的身分下鄉種田呢？

「沒有那麼偉大啦，是因為我爸年紀大了，他跟我說，我在台北工作雖然看起來體面，可是也賺不了多少錢，不如回家承接他那幾甲地和耕種的技術，不然他走了以後，這些東西都會跟著他消失。我雖然從小對種田沒有興趣，可是他都這麼說了，我只好答應他。」

再請問銀牌獎的陳先生，您當初在大企業上班賺了不少錢，怎麼會轉行當農夫呢？

「我一直在想，每天認真工作的目的是什麼？不就是想要讓老婆、小孩吃得飽嗎？可是我每天忙到回家看見老婆、小孩就覺得煩，很不快樂。我就在想，這是我要的生活嗎？有天我看電視台的紀錄片，拍一個大老闆跑去鄉下買一塊地耕種，看起來很辛苦，可是他臉上的笑容，卻是我十幾年來都沒有在自己臉上出現過的。我忽然想通，我的下半生也要這樣過！所以開始研究有關農業的知識，加上我小時候對這方面很有興趣，所以一拍即合，如今還企業化經營，台灣很多店家都賣我們家的東西。」

陳先生的故事真是太勵志了。最後，我們來訪問金牌獎得主王先生是怎麼奪金的？

「欸，其實，我當初是被公司裁員，沒有辦法才回家投靠爸爸媽媽。那時每天閒閒沒事做，看到我爸倉庫裡那些種子，我就突然想要把A跟B加在一起，再把B跟C加在一起，通通亂加，再給它種下去，做一點記錄，結果它自己就長成這樣了。老李跟老陳說要去參加比賽，叫我陪他們去，最後他們就跟我說我得金牌了。」

王先生一邊說，李先生和陳先生在旁邊翻白眼。對啦，就是陪考得冠軍，天才啦！老天真是太不公平了。

是的，老天真的不公平。有些人的夢想從小時候就建立，有些人則是遇上重大挫折後才開始成就夢想，有些人則彷彿受到老天爺厚愛，天生就跟夢想在一起。從心理層面來看，這可能和三個原因相關：其一，你的夢想具體嗎？其二，你有走在實踐夢想的路上嗎？其三，你是否知道，夢想往往發生在找到天賦的那一刻起？

夢想不是「坐著想」，得要有目標

某天，我坐在客廳看著電視機裡不用耗費腦袋的連續劇。老公坐在旁邊，忽然沒來由地問：「**妳未來的夢想是什麼？**」

原本被連續劇中各種壞人的古怪「死法」搞得哈哈大笑的我，突然被這煞風景的問題給喚回現實。怎麼？是不是我看這種節目，老公真覺得我太浪費生命了，才要考我這麼有深度的問題？

沒想到，他老兄根本沒有想聽我回答的意思，只是自顧自地深深嘆了一口氣，然後就繼續回到他望向窗外的沉思中。

然而在那一刻，我倒是體會到一個重要的事實：身為職場人，不管你已經工作三年、五年、十年、或二十年……，或許我們的腦袋永遠也無法擺脫這個問題：我未來的夢想，究竟在哪裡？

在諮商工作中，我遇過許多排斥「夢想論」的人。他們往往覺得自己的夢想太過天馬行空，並因此在人生路上遇到許多挫折，所以打從心裡覺得「夢想」，是一輩子不可觸及的「幻想」。然後他們投入明知自己不愛、卻又不得不用來餬口的工作，逼著自己把眼睛矇起來，強迫自己相信人生只能如此。

夢想和幻想的差別是「具體」

因為他們不相信「夢想」能夠「生財」，所以自怨自艾，認同自己只有成為金錢奴僕的命運。他們從沒有想過，**「夢想」之所以不能當飯吃，其實是因為我們還沒將「夢想」轉化為具體可行的「目標」**。

比方說，你的夢想是「我要當歌手」，卻只是在怨嘆自己「沒當成歌手」的話，表示你根本不曾投入到「我要當歌手」的夢想中，具體地背負起夢想背後該有的責任。

來聽聽一個小學生的故事：

那是台灣還未實行「中輟法」的年代，根據規定，學生缺課三天就要通報，許多學生翹課的問題都靠著教師和輔導系統手把手地合力解決。某個小學邀請我去該校為翹課多日的學生進行輔導，一個下午排出來的七個案子，有的翹課三天、有的超過一週，有的甚至已經長達半個月、一個月。

我見到那個小學四年級的孩子時，他已經將近一個月沒有上學，後來在附近鄰里的網咖被老師逮到。

「哈囉！」第一次碰面，我熱情地和他打招呼，他也用愉悅的語氣回應我，臉上絲毫沒有那種被「遣送返校」的不悅感。對我而言，這是「生活尚有動力」的孩子，只是可以想像**他感興趣的動力來源，並不在學校裡**。

閒聊了一會兒，他告訴我簡單的家庭狀況，以及校內、外結交的朋友。我沒有問他對學校課業的感受是什麼，以及他為什麼翹課，只是很好奇像他這麼交友廣闊的孩子，有沒有想過以後要做什麼呢？

「有啊！我想當『流氓』。」提到這個話題，他眼睛一亮。

「真的？當『流氓』有什麼好處呢？」我問。心裡一邊覺得好笑，不知道班導師聽到這句話會不會昏倒？

「當流氓超威風的，後面有很多小弟跟著，大家都要聽你指揮，超棒的！」

「你說的是『大尾流氓』吧？」我又問。

「對啊，就是『大哥』啦！」

「那麼，要怎麼樣才能當得了『大尾流氓』呢？」

「要長得很壯，很會教訓人、砍人，還要說話最大聲！」他滔滔不絕地指出許多當大尾流氓必備的技能，說完嘆了口氣說：「哎喲，大哥還真不好當。」

「是嗎？當大哥很不容易嗎？」

「是啊。可是我不想當小弟。」他有些失落地說。

「不要那麼快放棄，不然我們想想，除了『大哥』以外，你還想做什麼？」我再問。

「嗯，有了，我想當遊戲工程師。」他的落寞又回復神采，興高采烈地告訴我，他最喜歡打什麼樣的電動遊戲。

「那麼，要怎麼樣才能當得了『遊戲工程師』呢？」我又問。這就是將夢想化為具體步驟的典型引導。當一個人在思考未來要成為什麼樣的人時，我們會回推到現在的時間點，促使他思考現在可以做些什麼，才能一步步往夢想前進。

「哈哈，數學要好，要很會算遊戲點數。」真是鬼靈精怪，但他說的一點也沒錯。

「那你的數學怎麼樣呢？」我問。

「我的數學很好噢，其他科目都不好，但數學很好玩，其他的課我都不喜歡，我只喜歡上數學課。」他這樣回答。

那天談話的最後，他和我約定，所有的課都可以翹，就是不會翹數學課。我想從一門「數學課」開始，慢慢幫他建立和學校系統的連結。

離開前，他在一張紙條上簽了名字。他將這張紙條送給我，叫我未來有空時記得上網查一查，他是否成為很棒的遊戲工程師？

因為心中有夢想，他真的沒有再翹過數學課。

而他送給我的那張紙條，我至今都還留著。

對孩子而言，夢想是一種生活動力，也是未來目標。對大人而言，也該如此。

在諮商工作中，我們稱這方法為「生涯幻遊」：從**想像「十年後的你，想成為什麼樣的人」開始，回推到此時此刻、以及之後每一年的具體作為**。你會發現除了「幻想」之外，我們可以做的，真的很多。

即便人已身在江湖中，亦是如此。

為了找對路，落榜七次也不後悔

每個人小時候都有過夢想，雖然絕大部分的人多在夢想這條路上走到歪掉，但不可否認，因為曾經追求過夢想，才塑造出現在的我們。換句話說，你的人生並不會因為「夢想成為歌手」而變得精彩，但當你奮力走向「歌手」的夢想，最後卻「歪掉」，成為也是靠嘴巴吃飯的「業務員」、「配音員」、「老師」，你卻還能引以為傲時，才真正造就了自己的精彩。

什麼？你說歌手、業務員和老師差別很大？

非也非也。不論是歌手、業務員、老師，只要是順著夢想之路而來，都是一樣的。最大的差別只在於：你是**成功**的歌手、業務員、老師？還是**不成功**的歌手、業務員，或是老師？

不用再費心想什麼「成功的定義」了。從心理上來看，判斷自己成功與否實在是簡單不過：走在成功的夢想路上，不管做什麼大多感到愉悅開心；走在不成功的路上，錢賺再多都很鬱悶。

而這一切會仰賴一個相當重要的指標：**你的夢想之路，是否已經去除受到父母影響所產生的雜質？**

是父母期待，還是自己想要？

在我工作的藝術大學中，學生裡有相當的比例，家長也是藝術家居多。你仔細去看，其他專業科系幾乎也是這種狀況。

於是我們可以假設：孩子會受父母工作影響（包括正面或負面），選擇自己未來從事的方向，而這不見得是他們真正的喜好。或者，孩子是父母生的，會選擇相似的未來方向，本就是一種遺傳的天性。

依照各種實證研究發現，上述的假設都可能發生。換句話說，大學選擇的科系不見得就是我們必然喜歡的未來，得要到踏入職場後，才是我們釐清自己真實夢想的起點。這道理很簡單，自從踏入職場賺錢、經濟獨立開始（不用再仰賴父母），我們要走什麼樣的道路，都是自己可以承擔、負責的。

找到自己的「極限」和「底線」

在某電視節目的錄影上，遇到一位參加國家考試七度落榜的年輕人。他自研究所畢業後，加上當兵兩年、考國考七年，現年三十二歲了，卻還沒有任何工作經驗。

主持人問他：「這股毅力到底是怎麼來的？」

他說：「我們家族裡都是當官的。我又是長子，如果只有我沒考上高考，這一點都不像話。」

主持人又問：「可是，難道你沒有自己想做的事嗎？」

他又說：「我想做的事就是當官啊！」

主持人顯得有些無言：「好吧。那你原本大學是念什麼的？」

他回答：「設計系。」

旁邊的觀眾開始騷動，設計系不是很棒的科系嗎？

應觀眾要求，主持人再問：「設計系不好嗎？」

「沒有不好啊，所以我是考相關的高考。」

「那如果你一直都考不上呢？」

「我有想過，如果今年再考不上，可能就先去當設計師。」

旁邊的觀眾又開始竊竊私語，早可以當設計師幹嘛還要撐七年？

彷彿知道觀眾的心意，主持人繼續追問：「那你有沒有想過，你早去當設計師的話，說不定現在已經是很知名的設計師了，這會比不上當官嗎？」

觀眾們一片沉默，等著聽他的回答。

他想了想說：「我想，我還是會選擇先考高考。」

結局真令大家失望，年輕人並沒有為他落榜七次感到後悔。

我是支持這位年輕人的。雖然依照落榜七次的「**目前結果**」來看，大家會覺得他真是個傻子，放著好好的設計師前途不走，勉強自己去順應長輩的期待？這簡直是觀念迂腐，笨死了！

但我認為，如果他沒有走過這一遭，或許就沒辦法更加確認自己的夢想，究竟是「當官」還是「當設計師」，也永遠沒辦法測試自己的「極限」和「底線」在哪裡。相反的，走過這一輪之後，依他那股「我不後悔」的魄力，不管是當官還是設計師，我相信他都會是那個職場中非常了不起的一號人物。

因為「潛意識」就是這麼直拗，當它覺得自己還沒有準備好時，絕不會輕易露臉出頭，然而，倘若它經過內心的整理與碰撞後願意躍出檯面，即便是「大器晚成」都會發光發亮。你去翻翻古今中外歷史，例子不勝枚舉。在心理學中，我們則稱此為「嘗試錯誤學習」。

是的，願意嘗試錯誤的人，才稱得上是走在夢想路上的人。因為夢想，從來都不是倚靠單一的工作就得以實踐。

夢想不是結果，是尋找天賦的過程

有些時候，生命中的雜音太多，讓我們聽不清自己心底的聲音，得要經過一連串「去雜質」的歷程才能找到自己。然而，也有些時候，我們心底明明有股清晰的聲音，告訴你真心渴望在哪裡，我們卻仍然摀上耳朵不聽，反而聽信那些告訴你「這一定辦不到」的聲音。你說，這是不是一種很奇特的現象？

從心理學的觀點來看，職場生涯的任務除了從事生產之外，也是一段**「找到天賦」（擅長）的歷程**。意思是說，在工作中，**我們同時也學著理解自己生來獨有、擅長的特質**。甚至可以更大膽地假設：在我們找到自己的天賦之前，都沒辦法根除各種身在職場的迷惘與困惑。

此外，很多心理學研究都證實「天賦」本自具足，並以不同樣貌存在於每個人身上，「天生我才必有用」就是這個道理。只是榮格也這麼形容過：當我們不去意識它，「天賦」就等於不存在；**天生且隱藏的「天賦」，並不等於被我們充分了解並賦予生命的「才能」**。

換句話說，對我們而言，**「天賦」雖然是一種被動的存在（天生就被給予），「完成天賦」卻是一種主動的進行式（得要後天努力找尋）**。我們要先經歷一場「尋找天賦」的旅程，才能真正實踐工作的意義。那時，我們才算將「天賦」拾起，成為握在手裡的「才能」。

不敢「不要臉」，就連夢想都不敢擁有

在我們主動尋覓天賦的過程中（是的，本能會引導我們「主動」尋找），「面子包袱」是最大的絆腳石。很多時候正因為我們太不敢「不要臉」了，所以連夢想都不敢擁有，尋找天賦的旅程也就變得十分彆扭。

比方說，一個從小愛唱歌的人，因為曾經被嘲笑「你以為你是郭富城喔」，而羞於承認「我夢想當歌手」，慢慢地，連公開唱歌、說話都不敢了，直到有天完全遺忘自己曾經那麼熱愛於使用自己的聲音（是的，這時已經放棄自己的主動權了）。

更糟的是，如果我們是如此對待自己的天賦，就可能也用這個習慣來對待其他事情，漸漸地連最為珍貴的自信也失去了。

我們試著再用榮格的概念來看看，「面子包袱」背後的秘密是什麼？

首先，以「自我」為中心，我們身而為人，內在分別受到兩股力量的連結與拉扯。第一股力量，是透過「內在陰影」連接到**個人潛意識**、及受社會文化脈絡影響的**集體潛意識**。第二股力量，則是透過「人格面具」（我們想要呈現在別人面前的模樣）連接到社會大眾的**集體意識**。

第一股力量我們在先前已經談過許多。第二股力量則描述一個很重要的概念：我們想呈現在別人面前的模樣，除了社會文化期待外（意識上的），也暗藏環境中的集體恐懼感（潛意識裡的）。

簡單來說，一個人對於「追求夢想是不切實際（不要臉）」的害怕，可能是因為他身處環境當中的**眾人，內心都有這樣的恐懼**。

遵照「保險起見」，還是「內心所見」？

前陣子學測剛過，許多考生家長問我：孩子的成績表現不理想，可能填不到好學校，讓孩子去念提供產學合作機制的大學，是否更為妥適？

每當我被問到類似問題，心裡都會覺得很奇怪，孩子未來要念哪所學校，為何不是問孩子的意見，而是要問「專家」的意見？

這位家長告訴我，因為孩子喜歡體育，以後可能想當運動教練。可是他覺得「保險起見」，或許還是去念一下電工科，有一技之長「比較有保障」。

我問這位家長：「那麼，孩子的想法呢？」

他說：「孩子沒有意見。」

在我看來，孩子不是沒有意見，而是他的「意見」抵不過父母的「保險起見」。

果然，這位家長也是一個信奉「保險起見」完成自己所有人生規畫的人。包括他現在的職業，都是遵照「保險起見」而非「內心所見」，他的孩子自然也不會敢「不要臉」地去親近什麼夢想了！

於是，他們家族裡產生一種可能性：這個「保險起見」會像傳家之寶一樣，代代相傳下去。

我又問這位家長：「看來你都決定了，幹嘛要來問我呢？」

他說：「我也不知道，**就是想問**。」

我說：「或者你想要我阻止你，別把『保險起見』的想法再傳到你兒子的人生？」

他沒有回答，只說，他知道該怎麼做了。

是的，我們的所做所為背後都有一個潛意識目的。你看見自己的目的了沒有？

第十話

工作和家庭哪個重要？

有些時候、有些地方要保留給自己，
做為職場和家庭外的歇腳之處。

老公，我和你的工作哪個重要？

這天，老王、老李和老陳在居酒屋喝悶酒。

「你們怎麼啦，心情不好啊？」老陳先乾一杯，而且採取猛烈式的借酒澆愁法，看來心情也好不到哪裡去。

「我太太昨天問，我的工作和她，哪個重要？」老王也乾了一杯，然後說。

「又問了啊？怎麼天天都問？不煩啊？」老李跟著乾了。

「是啊，每天都要問，我的答案當然是她重要啊！不過我覺得她現在越來越難取悅了，昨天盧了我好久。」說到這兒，老王又乾了一杯。

「這些女人是說好的嘛？我老婆昨天也問我，工作和她哪個重要？」老李打了一個酒嗝，看來真的喝了不少。

「那你怎麼說？」老陳也湊過來好奇。

「我就說兩個一樣愛。就真心話嘛，這樣也不行，跟我大吵了一架。」老李回答。

「不過那也真巧，我老婆前些天也問了同樣的問題，她們三個人應該有一起去逛街吧？」老陳裝瘋賣傻的，酒一杯杯下肚。

「那你又怎麼回她？」

「我沒你那麼笨，說一樣重要不等於沒有回答嘛，我當然說老婆重要。」老陳說。

「我才不相信咧，你是我們當中最嚴重的工作狂，怎麼會老婆重要？」老王聽了哈哈大笑。

「不只你不相信，我自己都不相信。」

「難道你老婆信了？」

「她才不信。不信就罷了，還說我一點誠意也沒有，結果就跑回娘家。真是瘋女人。」

聽到這話，老王和老李居然同時舉杯敬老陳：「恭喜恭喜，多虧她回娘家，不然你今天應該出不來了。」

老王、老李和老陳的無奈，是工作和家庭到底能不能兼顧的問題，但這同時也是我們能否在「關係」中還兼顧「自我」的問題。

真正的幸福感來自心理平衡

近幾年的心理學研究很流行討論「工作與家庭平衡」課題，探討人如何在工作和家庭之間取得心理上的平衡。心理學家認為，內在平衡能為人們帶來生活中的幸福感。

不過在談這之前話題，我們先來聊聊，哪些原因會導致我們在職場和家庭之間失去心理平衡？

這常常和下列相關：首先是「距離」問題，包括「空間距離」和心理上的隔閡；而「心理隔閡」則常常來自「家庭責任」與「個人生命中未竟事務」之間的衝突。

空間的距離，不是問題？

遠距離感情不容易維繫的道理，我相信許多人都明白。然而為了求得好工作或高薪，遠距夫妻在台灣越來越常見。大多離家千里去工作的那方，最初都是為了讓家庭有更好的生活而去，最後卻為了距離這回事，搞到雙方相互指責另一半不體諒自己。

我就曾有過這樣的經驗：先生曾派駐國外兩次，其中一次在印度長待了整整一年。傳出要派駐印度時，對我們夫妻而言，都是震撼、但也挺新鮮的消息。雖然因此要分隔兩地，但外派人員加薪百分之六十這點，對當時貸款壓力龐大的我們來說，極具吸引力。加上印度消費偏低，印度人說的英語又相當難懂，如果能在那種地方過上一段時日，想必在儲蓄、工作能力和語言上都會有大幅進展。

當時也沒有考慮太久，先生就和公司簽下一紙合約，開始外派生活。原本我以為自己一個人絕不會有問題，沒想到以一打二帶兩個小孩、外加全職又跨縣市工作的生活，才不到半年我就心力交瘁。從前只要躺下就一覺到天亮的我，那陣子竟然出現睡眠障礙，某天半夜起來夢遊，結果在一公尺高的床上踩空摔下來，痛了一個禮拜還好不了，檢查後才發現居然骨折了！

既骨折、又扭傷，再加上後來出車禍……，當時學生們都說，我看起來像要被鬼抓去一樣。然而，想起老公這種時候還不在身邊，我簡直希望自己的怨念能追到印度去纏住他。於是，我們終於決定停止這種無法互相照顧的日子。奇妙的是，一家團圓後的隔年，我們的年所得和生活品質，更大幅超越從前。

可見距離並不能以絕對的好事、壞事來加以區分，或許也可能帶來某些珍惜。但曾經有研究指出，因工作所導致的家庭分離，不應超過三年。因為短暫的分離，本就是為了全家人團聚而努力。

心理距離來自「我為你犧牲自己？」的懷疑

因伴侶工作忙碌所產生的心理不平衡，也會造成伴侶之間的「心理隔閡」。忙碌原是為了工作好，結果卻落個「賠了夫人又折兵」的下場，搞得家庭烏烟瘴氣不說，連工作也沒能搞好。S先生就是一個例子。

S先生說，上次公司派他到大陸去開會，老婆要求他每天整點都要打電話報備，還得開啟視訊讓老婆檢閱旁邊是哪些人。最妙的是，晚上睡覺時，老婆居然要他開著視訊，以確認整晚都沒別的女人睡他旁邊。

明明就是去工作的，卻搞得兩人鬧起彆扭。S先生問我，他老婆究竟為什麼這樣「歡（台語：不講理）」，是不是真的這麼不信任他？

我告訴S先生，他老婆不一定是不信任他，或許是對他面對工作和家庭的態度有所微詞、卻沒說出口，只好在行為上「弄」他來出氣。

我會這麼說是有道理的。身為職場人，不管你的另一半多麼「溫良恭儉讓」地支持你在工作上發揮所長，都會有心理不平衡的時候。特別是你讓他（她）覺得，他（她）支持你、你卻忙到把他（她）當空氣時，那份「**我為你犧牲我自己，真不值得**」的心情，會使他（她）變成定時炸彈，不知何時發作。

想明白後，S先生開始每天向老婆說一點感謝的話，讓老婆知道如果沒有她、他一定不會有這樣的成就。自此之後，他出差時，老婆就沒有再找過麻煩了。

S先生說他學到一個很重要的道理：只要每天多花一分鐘說句好話，可以多過上一百年的好日子。

你可能會覺得好笑，不就夫妻嘛，何必把戲這麼多呢？

請容我提醒一下所有的中年伴侶，你可以不屑年輕時的甜言蜜語，但別忘了還有許多種方式可以表達你對伴侶的情意和謝意。因為人到中年時，總會面臨心境上的重要轉折，發現自己人生還有什麼未完的心願，甚至想要走出舒適圈去尋求突破。此時，即便你不能成為他（她）的陪伴，也不能變成令他（她）負擔更重的累贅。

我曾經帶過幾次中年人成長團體，發現伴侶之間最大的遺憾是：其中一方長期將心力放在工作上，而另一方放在孩子身上，等到中年的心理轉折突然來臨時，兩個人才發現：

哎呀，怎麼睡在旁邊的是個陌生人了？

中年伴侶對職場、家庭、自我的需要，都會開始萌生細微甚至劇烈的改變，他們需要的是，能理解這一切、而非質疑「你怎麼不好好待在現在的工作就好？」「你怎麼不好好顧家，要想那麼多？」的枕邊人。

工作與家庭間的「情緒」會相互轉移

人與人之間會相互移情，工作和家庭也是。

這意思是說，我們在職場中沒有宣泄出來的情感，回到家庭裡會不自覺滿溢出來，反之亦然。

你和那個「誰誰誰」一樣

M先生和太太的感情甜蜜，是一對正值青壯年華、學有所成的雙薪夫妻，兩人的事業都在衝刺期。

通常，雙方多能體諒彼此的忙碌：先生忙的時候，太太就多擔待點家事和教養責任；太太忙的時候，先生也能挑擅長的家事來做。然而，只要兩人同時忙起來，就容易卡在「到底你幫我？還是我幫你？」的爭執中互不相讓。

每回爭吵都要耗費好大的心力，吵起架來可是一點都不輸對方，字字句句直接穿心。

只是爭執結束後，兩人都沒辦法說出先前究竟在吵些什麼？所以M先生總會告訴自己，以後別再和太太吵架了，不值得。

這天，夫妻兩人開心出遊。回程中，M先生想起太太昨天做錯的一件事，就在車上碎念了起來：「以後我跟同事出去，妳不用太擔心，如果手機打不通就是沒有電，不然我那麼大一個人會跑去哪裡？」

「我不是擔心你跑去哪裡，是擔心你出事。」太太覺得很冤枉，M先生的口氣好像她在查勤似的，但她根本沒那意思。

一言一語中，夫妻倆開始鬧起彆扭。然而，M先生想起自己才決心別再吵架，於是伸手向太太示好。太太卻不為所動，只說：「我以為你會理解為何我昨天會那麼擔心，原來你並不懂。」

太太此話一出，M先生不禁怒火上升。他提高原本壓低的音量，帶有指責語氣地問太太：有完沒完！

這下可好，你摔門，我吼叫。平日工作已經夠累了，難得假日卻這樣度過，兩人都非常不甘心。

爭吵中，M先生對太太冒出一句「關鍵話」：「妳就跟那個誰誰誰一樣，都看不到別人的努力，只要有一點小錯就完全否定別人。」

太太更火了：「我剛剛哪一句話否定你？我說的是『昨天那件事情』你不理解我，我又不是說『你都不了解我』，我哪裡說錯了？」

老婆到底氣什麼？老公不肯說什麼？

接下去再吵什麼其實一點都不重要了。M先生在意的不是太太說了什麼話，而是太太引發他「被否定」的感覺，而這同時也是M先生的老闆帶給他的感受。

這便是**職場和家庭之間的相互移情**：我們在職場中想著迴避與家人相處時不舒服的感覺，卻因為工作時常處於緊繃，而更敏感於那些可能令自己不舒服的線索；同時我們雖然不想將工作的情緒帶回家裡，但只要人一鬆懈下來，職場中的不滿卻又不自覺地冒出來。

這真是一種為難。到底是放輕鬆，讓自己把工作情緒帶回家好？還是繃緊一點，別讓負能量蔓延到家裡好？

其實，會有這種為難的人，通常是不懂得「求助」的職場人。

曾經有心理學家說，「請求幫助」的舉動，會讓人退回到嬰兒時的情感狀態。很多男人即是因為這種潛在心態，而不太願意向太太（或家人）說出自己在工作上的不如意，彷彿這全指向一種軟弱無能的「求助行為」。然而，這和女人的心態恰恰相反：女人天生存有的母性渴望，讓她們在感覺到男人需要幫忙、卻不願說出口時，心生挫折或憤怒感。

女人生氣的從來不是男人過於重視工作，而是男人不願向她們傾訴工作上的委屈。這便是一種**母性本能**。有時，男人甚至為了躲避太太身上的這種母性渴望（壓迫），往職場上去尋找更類似於夥伴關係的辦公室戀情。

這一切都是**移情**。榮格說：「生命中未被實現的黃金，以及未被體認的大便，都會在情感轉移的歷程中，找到它具體實踐的形式。」所以我們在家庭和職場這兩大生命場域裡，總要仔細留意：自己是否撿到黃金，或不小心踩到了大便？

再忙再親密也要有「自我空間」

人在心情輕鬆時是一種狀態，工作壓力大時又是另一種心境。

倘若心情放鬆，看什麼事物都很美好。但是只要壓力一大，人的耐受力會頓時下降，看什麼都不順眼。也就是說，工作壓力會牽連家庭，家庭壓力也會影響工作，這不一定是因為個人出了什麼問題，而是**當時的「心態」正處於一個我們無法理解和掌控的處境**。

為什麼我成功時，妳卻不再迷人了

T先生最近剛晉升為主管，是公司的當紅炸子雞。

新官上任，亟欲展現工作成績的T先生對太太說：「給我三年，我一定會闖出一片成績。」於是他從早忙到晚，下班也繼續和同事線上開會。

只是，當T先生難得有空坐在客廳時，太太總對他說，孩子今天在學校考什麼、哪個家長怎麼樣……。T先生對這些話題實在沒有興趣，想和太太談當月業績數字，又見太太一副發矇的模樣。

他不懂，太太**以前**明明是個幽默風趣、打扮又時尚的女人，**現在**下班就換上寬大的睡袍，洗完頭就夾個大鯊魚夾，一副大嬸樣。漸漸地，他感覺太太除了煮飯、洗衣、帶小孩的**便利性功能**外，好像也沒什麼了。他變得**越來越不喜歡回家**。

倒是新來的女同事中，有一位和**年輕時的太太**感覺很像。稍走近一點，就幾乎可以聞到她身上散發出的女性氣味，好不迷人。尤其那天同事們一起到ＫＴＶ唱歌，女同事在半醉之間無意地靠到他胸口，他覺得自己幾乎要把持不住了。

那天他特別晚回家，在路上閒蕩許久，想要擺脫出軌般的煩躁感。打開家門時已過午夜一點，卻看到穿著大睡袍的太太，側睡在沙發上等門。

「回來啦？」即使睡眼惺忪，太太仍強裝精神地問候他，「有沒有喝酒？我去給你泡一杯茶好嗎？」

他忽然心頭一熱。眼前的女人就是這樣陪他一路走來，一直到現在。

與T先生相似的故事，不勝枚舉。只是接下來會發生的事情和結局，都不盡相同。發生在現代的情節，已不再是「貧賤夫妻百事哀，大難來時各自飛」，反而是「貧賤夫妻能守護，富貴來時新人享」。成功男人到最後娶了個能持家的新人，成功女人到頭來想選的是最了解自己的男人，成功女人與成功男人攜手走向幸福的情節，實在是太少見了。

越成功越要有自我空間

為什麼會這樣呢？有兩個重要的原因：其一，是**我開始在你身上看到討厭的我自己**；其二，是**我討厭和你在一起時的自己**。

請容我稱這現象為「職場成功者症候群」。

是的，工作壓力大時，我們常常看伴侶、家人不順眼，通常心裡會認定，就是眼前這個人有問題，才會把我搞得這麼煩躁。但倘若你還記得先前提過的「陰影」概念，或許就能理解，我們的心理上具有一種將內在世界投影到外在環境的「投射機制」，所投射的內容往往和我們小時候的創傷有關，也和內心更真實的自我本性相關。

拿這個概念再來思考剛剛的故事，你覺得T先生在太太身上看見了什麼？

我舉個例子：不再時尚，窮酸又無趣，只剩下便利性功能……。

請把上述的特質多看幾遍。對，這是很多對職場有理想抱負的人，最不想成為、或者該說，最怕成為的那種人。所以**當我指著伴侶說：你看她居然變成那副模樣，其實我真正**

怕的是自己變成那樣。再進一步來說，或許我相當恐懼我可能達不到自己的理想，而要過全然無趣的人生。

還不只如此，很多人一方面把自己不想接受的形象丟到伴侶身上，一方面卻又為此感到**罪惡感**。潛意識裡譴責自己，居然如此對待一路相陪的伴侶。於是又體會到自己在職場上最不希望被人對待的感受：苛責、軟弱、無情等等，整個加起來，和伴侶相處的感覺就相當不舒服。

不舒服的感覺繼續往外延伸，接著可能發生外遇（或暴力），然後人生陷入好像不斷重複的循環當中。

所以說，工作越久的人越要與伴侶之間保持「自我空間」。相互關懷、相互感謝是必然，但隨著中年職場生涯的到來，我們卻**更要容許對方成為他自己**，並**學著用更像自己的「我」來和對方相處**。

一個人吃飯，一個人旅行，每週固定能和友伴應酬、聚會的時間……。

職場和家庭的雙重生活的確辛苦，但我們至少需要知道：什麼時候、什麼地方是我保留給自己，在職場和家庭外的歇腳之處。

第十一話
職場沒有永遠的敵人與朋友

在心理遊戲當中，我們其實過得一點也不爽。

受害者，還是迫害者？

大家都明白，有人的地方才能形成職場。然而，有人的地方也免不了人與人互動所產生的情感，情感契合的關係是朋友，情感互斥時就成了敵人。

身在職場，我們似乎很難避免這些。所以接下來我要談一些職場中「純屬虛構」的情感互動，如有雷同，真的只是巧合。

不甘心的受害者

她到五十歲了，還是心有不甘。

從年輕時候，她就是整個專業領域中最出名的佼佼者。想當年啊，要和她攀關係的人排起隊來都可以繞總統府數十圈了，國內某某學領域中，誰沒聽過她的名號？每當她一走下講台，看到那些圍上前來向她索取簽名拍照的年輕後輩時，她就覺得那些人的眼神都在說：「我想成為像妳這樣的人。」

「被人崇拜」早已是她生命中的家常便飯。

某天，學校在面談新人教授時，她也是面試官之一。從眾多的面試者中，她一眼就認出前幾年到美國講學時，在人群中唯一舉手發問的華人女孩。

她甚至還記得，女孩當時問了一個相當有深度的問題，讓在座的西方人都刮目相看。沒想到，那個女孩現在也畢業要應聘教職啦？她忍不住在面試中加問一些能引導出女孩內涵的問題。女孩果然也沒讓她失望，第一輪投票就獲得大多數面試委員的青睞，順利進到學校任職，成為她的同事。

女孩上班的第一天，她特別排開繁忙事務，陪女孩共進午餐。兩人雖然都沒有提起當年在美國講學的往事，但氣氛十分熱絡，她十分開心，日後自己的職場勢力中又多了一位生力軍。

兩人就這樣亦師亦友，發展出相當不錯的情誼。

幾年後，女孩長期研究的結果受國際知名的專業學刊登載，獲得國內一項重要的研究大獎。同年，女孩申請正教授升等通過，而她還和六年前一樣是副教授。向女孩說恭喜時，彼此笑容中都有一份尷尬。

於是隔一個學期，她決定出馬競選所長，沒想到告知系助教這個決定時，助教卻說：

「老師，妳沒聽說某老師已經被教授們拱出來選所長了？」

當她聽到未來競爭對手的名字，居然是當年自己一手「拉拔」的女孩時，她簡直氣得要吐血。她回到研究室撥電話給女孩，電話才一接通就忍不住破口大罵：「妳怎麼可以這樣對我？我當初是怎麼對妳的？難怪我一直都覺得和妳之間怪怪的，原來妳是背地裡做這種事的人！背叛者！不要臉！」接著「啪」一聲把電話掛掉。

一個小時後，她接到系助教打來的電話：「老師，那個某老師說，她沒有決定要出來選所長啦！」

女孩的確沒有出來選。但她，仍在所長選舉中輸給另一個對手。

幾個月後，女孩向該校申請離職，到更頂尖的大學去任教。

後來幾年，她也沒有選上過所長，但之後講學她都不忘告訴聽眾，自己如何受到一個一手栽培的女孩背叛。一開始外界都很同情她，這位女孩的新同事也以為這位新教授小動作很多，敬而遠之。然而時間一久，大家也開始發現她講的內容誇張脫離事實，漸漸不大搭理這事了。

她越來越鬱鬱寡歡，打掃她研究室的工讀生們竊竊私語：「老師上班時都在喝酒，她桌子下都是空的酒瓶……。」

她已經五十歲了，她真的還心有不甘。

受害與迫害是一體兩面

灑狗血的連續劇之所以成功，恐怕是因為有人群聚的地方，就總是進行這樣激烈的心理角逐。在職場中，我們喜歡稱這為「犯小人」、「鬥爭」，但若跳脫以是非論對錯的想法，我們可否思考一下，為何這些劇碼每天都在我們的工作現場反覆上演？

心理學中有一個相當著名的「卡普曼戲劇三角形」概念，恰好解釋了這一切。由卡普曼先生提出的「戲劇三角」，指的是我們在內心上演的小劇場，常常圍繞著三種角色打轉：「受害者」、「迫害者」和「拯救者」。因著環境裡遇到的不同元素，在人際關係中不自覺地輪流扮演這三種角色。

讀到這裡，請再回去看看先前的那個故事，你看得出女主角在扮演什麼角色嗎？答案是「三者都有」。比方說，「幫妳促成這個工作機會」正是從「拯救者」立場出發的，但「拯救者」的角色容我下個篇章再細談，在這裡我們先來看這故事中最鮮明的兩個角色：「迫害者」和「受害者」。

一開始，是她（女主角）覺得受到女孩背叛（受害者角色），接著她放出許多對女孩不利的流言（轉成為迫害者角色）。

臨床經驗告訴我們，受害者和迫害者戲碼是人們大部分心理困擾的來源。很多人最初尋求會談的目的，正是因為心頭有個恨得牙癢癢地、「迫害」自己的人，才會害生活變得一團糟；其次，是覺得自己人際關係不太好，好像常常對不起人，而有深刻讓人「受害」的罪惡感。

其實這兩個角色常常是一體兩面，在「迫害」別人的同時，我們也宣泄了某些童年時期受到父母、同儕迫害的陰影；因別人迫害而「受害」的同時，我們也重複了小時候那個自卑、依賴、順從別人的自己。

「戲劇三角」的概念，就是說我們會在這之中變換角色，直到頭昏眼花為止。然而所有的「受害」與「迫害」，卻大多是自己想像出來的。

所以卡普曼用「戲劇」來形容的原因便是：這些悲情劇碼，其實只是我們內在用來「自high」的心理遊戲。

拯救者想救的是誰？

職場還有一個現象是「選邊站」：當不同的人在競爭某樣事物時，你跟了其中一邊就是該方的朋友，然後莫名被另一方當成敵人。最有趣的是，如果「你的敵人」恰好也是「我的敵人」，那就是我們「共同的敵人」，同仇敵愾下關係不用太多經營，「我們」就自然形成朋友同盟。

同仇敵愾？還是拯救者？

女孩還沒來她服務的頂尖大學應聘前，她就聽說過女孩在前一所大學發生的事。嘖，不過就是兩個人同時要選一個所長位置嘛！現在的年代居然還有人會為這種事情吵成這樣？只是，如果這是發生在那女人身上，她就完全可以理解了。

對，就是那女人，出一張嘴到處去搞噱頭，就自以為在某某學領域是女王，每次聽到這些稱號，她就想吐！

好吧，她承認自己的這些負面評論，是因為她和那女人曾有過節。大學時，她們就是同班同學，更號稱是最好的朋友。但她們倆居然喜歡上同一個男孩，最後男孩拒絕了那女人的告白，選擇和她在一起，此後那女人就不再給她好臉色看，兩人漸行漸遠。後來她出國念書，幾乎不再聯絡了。

那女人留在國內繼續攻讀學位，畢業後直接受聘成為目前所在學校的助教，一路晉升到目前的副教授位置；她則在國外取得學位後才返國尋覓教職，沒想到，在第一所面試的學校就又遇上了。

老朋友相見總該互相幫忙吧？沒想到那女人在面試場上見到她，非但像是看見陌生人一樣，聽說還從中阻撓，讓她在系務投票中落選。還好她又應聘上這所頂尖大學，才有今日的地位。

不過，前些時日她和某男性立委到度假村出遊，卻冤家路窄被那女人撞見。隔天開始就有媒體狗仔跟著，不是那女人，還會有誰去爆料？

所以當她聽說女孩和那女人的過節時，她一點也不意外，這種經驗她再熟悉不過了。當然，加上女孩在學術上亮眼的表現，她鐵定要拉一把才成，才不會讓女孩繼續被（那女人）欺負。

果然，女孩順利進來了，而且表現相當不錯。聽說，那女人則是日漸消沉，像是生了什麼「心病」一樣。

「老師，妳還沒聽說啊？不只心病啦，是癌症耶。」一位她導班帶大的學生到那女人的學校去念研究所，帶回來這個消息。

她只覺得腦袋一片空白，心頭像被人捏了一把。

生病了？怎麼可能？不是說禍害幾千年，永遠都死不了的嗎？

她突然有些難過，心裡閃過許多往事畫面。她翻開手機的通訊錄，裡頭藏著對方的電話號碼，是她在某次機會下偷偷要來的。

電話那頭接通時，她聽到那女人的聲音。熟悉的語氣依舊，音頻卻顯得有些蒼老。

「喂，是我。」穩住自己的心情，她用盡量平穩的口氣說。

對方停了一下，「要幹嘛？」

「聽說妳生病了，還好嗎？需不需要我幫什麼忙？我有一個朋友是這方面的專家。」她問。

對方冷笑了一聲，「怎麼，這麼久沒聯絡，現在是為了看我笑話嗎？讓妳失望了，我還活著。」

短暫的對話很快結束。那女人的話裡仍然充滿嘲諷，但她掛掉電話後卻如釋重負：如果對方因為生病就軟趴趴地向她求饒，她還真的不知道會有多失望？

這麼久以來掛在心頭上的一件事，今天跨出腳步後才發現，很多事情已經人事全非。是的，這麼多年來，或許她最想要的一直都是和昔日同窗化敵為友，找回求學時美好的情誼，然而對方已不再是她記憶中的模樣，正如同，她也不再是自己想像中的自己了。

不管是朋友還是敵人，她這輩子都會和那女人這樣鬥下去！

表面幫助別人，內心卻有真正渴望

咦？在這個故事裡，受害者、迫害者和拯救者的心理角色有巡迴發生嗎？

當然有。別忘了卡普曼先生說的，這遊戲要三個點才玩得起來，就像跳棋一樣，從這端跳到那端，不斷跳來跳去的，「心理遊戲」的人生才有意思。

她（本篇的女主角）搶贏男人的時候，就是「迫害者」了，然而這份短暫的勝利在她回國求職時受到「反迫害」，但心理功能強大的她掙得更好的工作，「拯救」了自己，從此她就慣於身在「拯救者」角色之中了。

所以雖然心理遊戲有三角，但我認為每個人都有特別渴望扮演、或特別排拒的心理角色。只是天不從人願，沒有人能永遠占著同一個端點不放。

若再深入一點探討：為何我們會對某個端點特別渴望？

「迫害者」滿足了責罰和貶損別人的渴望。為什麼會想要貶損別人？許多是來自過去常被責罰、貶損。但有時甚至是因為從前太過順從，把意見都壓抑在心底，成年後發作反而變成一種迫害他人的喜好。

「受害者」滿足了依賴、順從的渴望。有趣的是，有時「受害者」居然還會十分佩服「迫害者」。比方說：被主管責罵的時候，覺得主管好強悍、好棒，我要向他學習。久而久之，便讓自己處在一個能力沒有進展的處境下，以享受繼續當個「受害者」。

什麼，這很奇怪嗎？一點也不。套一句許多哲學家和心理學家都認同的人性觀點：「施虐」加「受虐」，即等於人生之「絕爽」（jouissance）。

那麼「**拯救者**」的渴望又是什麼呢？看起來是幫助別人的熱情，但其實也是**想要控制與涉入別人界限的渴望**。然而「有能力幫助別人」的背後，是一種「變強」的自我期許，心底的真心盼望或許只是要「**把自己救回來**」。

是的，沒辦法探究真實渴望時，我們不只會「虐」錯人、也會「爽」錯地方。

「受害者」都沒有錯嗎？

如果你已經在職場上打滾一段時日，可能已經深刻感受到何謂「人在江湖，身不由己」。還是新人的時候，你可能什麼都不想涉入，只想做好自己本分的工作，然後你會慢慢發覺，有時同事就是氣你「什麼都沒做」，或者，某些違反心意的作為，對有些人而言就是一種冒犯（不夠真誠）。

職場上，每個人所要求期待的「情感」不同。你可能永遠也無法明白，其他人對你的「情意」，究竟是哪一種？

敵人或朋友，看你在意程度

去應聘前一所學校之前，她沒料到當年來美國講學的那位副教授還記得她。但看老師在她第一天上班時的熱情，她就猜想老師應該是記得的，這讓她受寵若驚，所以老師沒提這事，她也未曾說起。

她不過就是在老師的講座上發問一個問題，沒什麼特別了不起。

只是老師後來很明顯把她當成自己的「勢力範圍」，說真的，她很不喜歡這種職場上政治角逐的紛擾。對她來說，學術研究顯得真誠可愛一些，只要你願意付出努力，它就會回報給你相對的報酬。比起人，簡單多了。

事情果然也如她所料，沒幾年的時間，她就因為學術上的努力獲得許多實質肯定，但其中最讓她驚訝的，是那些老教授們居然想要推選她出來當所長？

「年紀輕輕就有所成就，應該出來幫大家服務才是。」某個私下的午餐聚會中，所上最資深的教授向她提起這件事，其他幾位在場的同事也有默契地敲邊鼓。

不可諱言，從西方的學術環境回到台灣，她對系上、甚至學校裡的許多制度都頗有意見，如果能為大家服務，又有機會可以實現心中改革的理想，何嘗不可？反正該通過的升等都完成了，也是時候該給自己一點新的磨練，或許，可以好好考慮同事們的提議。

沒想到她的沉默被解讀為「默認」，在她還沒完全思慮清楚之下，消息就傳開了。

很快她收到一通電話，是老師打來質問：「妳怎麼可以這樣對我？我當初是怎麼對妳的？難怪我一直都覺得和妳之間怪怪的，原來妳是背地裡做這種事的人！背叛者！不要臉！」然後「啪」一聲把電話掛掉。

她幾乎是呆楞著面對被掛掉的電話，腦袋突然意識到，原來老師想要選所長？

後來她才明白，自己被捲入別人的職場鬥爭裡頭，一場「最資深」對上「最出風頭」的政治鬥爭。她這隻什麼都不懂的小綿羊，原本是要被推出來當傀儡的打手，而她居然笨到一點都看不出來，還傻傻地以為這可以實現理想。

這還不是最慘的，接下來的發展才讓她始料未及。

「最出風頭派」的老師被「最資深派」鬥垮之後，所有矛頭都指向她：見面像仇人一樣，開會事事針對她，還在外面放風聲說她多不好相處。「裝得什麼都不懂，其實背地裡都在算計人。」「表面上好像跟你很好，其實只是在算計怎麼對自己最有利。」

後來，甚至到處寄發黑函。

是可忍，孰不可忍。面對荒謬的抹黑，她實在是忍無可忍。還好後來她順利離職，而且另一所頂尖大學願意接受她。她注意到，新學校的主管很喜歡向她打聽從前的往事。

這位主管似乎曾經被媒體爆料，和某立委進出汽車旅館，似乎還和以前學校的那位老師是舊識。關係真是太亂了，她一點都不想攪和進去。只是，那天主管突然傳了一個訊息給她，問她知不知道那位老師得了癌症。

什麼？她趕緊向之前的同事打聽，果然有這回事。最有趣的是，他們是用一種「幸災樂禍」的口氣告訴她，好像這對她而言會是一件值得慶祝的事。

怎麼會這樣？一個人的不幸居然被每天相近的同事這樣看待？她真的覺得好悲哀。

於是抽了空，她買了一束鮮花去探望做化療的老師。到醫院時，她不敢直接進去，先請護士轉告，如果不願見她就走，沒想到護士卻轉告說她可以進去病房看她。

見到面時，她發現老師瘦了，面容蒼白，臉上卻還維持著驕傲。

「妳來啦？」老師說。

「是，您還好嗎？」她小心翼翼地回。

「好多了。妳今天來，是終於知道自己錯了嗎？如果是，我會想辦法讓妳重回學校。」

她突然哽咽地說不出話來。原來比起探病，對方在意的仍然是「她要知道錯了」。是的，她真的錯了。錯在不該當初沒把話說清楚就走！錯在不該因為缺乏自信，而什麼話都不敢直說！

表面寒暄過後，她頭也不回地離開醫院。她開始明白，人生有些「心結」不用勉強去解，有些「關係」保持一些距離反而安全，以及，有些「情誼」她其實已不再眷戀。職場裡，根本沒什麼敵人或朋友，只有你在意的關係、和你不在意的關係。

重新思考自己角色，認清渴望與現實

為了讓意識有更多空間容納新的印象和觀念，「自然遺忘」在複雜的職場關係中變得更形重要。然而，某些事情無法透過遺忘回復「心理平衡」的狀態，是因為我們會不斷「複述」某些不愉快的回憶。這是痛苦之所以為痛苦的原因，它的情節被一次次倒帶翻閱，卻沒有被思考給重新檢閱。

所以如果我們已經厭煩了職場心理遊戲對自我生命的耗能，你可以重新這樣思考：

當你陷入「**拯救者**」角色。或許你想幫助別人，但其實**你是剝奪別人的能力，反而害了他**。

當你陷入「**迫害者**」角色。或許你充滿想要貶抑別人的衝動，但只有自己知道，其實**真正的你充滿脆弱，並且渴望關愛**。

當你陷入「**受害者**」角色。或許**你習慣了依賴別人，但這麼做只是給別人機會藐視你**。

看清楚自己的渴望和現實後，你可以決定要不要拿起選擇權、為自己負起責任？

是的，我們內心其實都明白：我在心理遊戲當中，其實過得一點也不爽。

為何上班這麼累？其實是你心累

心理學家的職場觀察

作者	許皓宜
商周集團榮譽發行人	金惟純
商周集團執行長	王文靜
視覺顧問	陳栩椿
商業周刊出版部	
總編輯	余幸娟
責任編輯	陳瑤蓉
封面設計	黃聖文
內頁設計、排版	廖婉甄
出版發行	城邦文化事業股份有限公司 - 商業周刊
地址	104 台北市中山區民生東路二段 141 號 4 樓
傳真服務	（02）2503-6989
劃撥帳號	50003033
戶名	英屬蓋曼群島商家庭傳媒股份有限公司城邦分公司
網站	www.businessweekly.com.tw
製版印刷	中原造像股份有限公司
總經銷	高見文化行銷股份有限公司 電話：0800-055365
初版 1 刷	2016 年（民 105 年）8 月
初版 9 刷	2018 年（民 107 年）10 月
定價	340 元
ISBN	978-986-93405-5-7

國家圖書館出版品預行編目資料

為何上班這麼累？其實是你心累 / 許皓宜著. --
初版. -- 臺北市 : 城邦商業周刊, 民105.08
面； 公分
ISBN 978-986-93405-5-7(平裝)

1.職場成功法 2.工作心理學 3.應用心理學

494.35 105014691

生命樹

Health is the greatest gift, contentment the greatest wealth.
~Gautama Buddha

健康是最大的利益，知足是最好的財富。 ——佛陀